Web制作者のための

UXデザインをはじめる本

ユーザビリティ評価からカスタマージャーニーマップまで

玉飼 真一　村上 竜介　佐藤 哲　太田 文明　常盤 晋作　株式会社 アイ・エム・ジェイ　著

本書内容に関するお問い合わせについて

本書に関するご質問、正誤表については、下記のWebサイトをご参照ください。

正誤表 https://www.shoeisha.co.jp/book/errata/

刊行物Q&A https://www.shoeisha.co.jp/book/qa/

インターネットをご利用でない場合は、FAXまたは郵便で、下記にお問い合わせください。

〒160-0006 東京都新宿区舟町5

(株)翔泳社 愛読者サービスセンター

FAX番号:03-5362-3818

電話でのご質問は、お受けしておりません。

※本書に記載されたURL等は予告なく変更される場合があります。

※本書の出版にあたっては正確な記述につとめましたが、著者や出版社などのいずれも、本書の内容に対してなんらかの保証をするものではなく、内容やサンプルに基づくいかなる運用結果に関してもいっさいの責任を負いません。

※本書に掲載されている画面イメージなどは、特定の設定に基づいた環境にて再現される一例です。

※本書に記載されている会社名、製品名はそれぞれ各社の商標および登録商標です。

※本書の内容は2016年10月執筆時点のものです。

はじめに

「顧客の体験こそが重要だ」「UXをよくしたい」…デジタルやサービスの最前線ではこの言葉は溢れかえっていて、もはや「今さら感」すらあるほどです。しかし一方で、真の意味で顧客・ユーザーから学ぶプロセスが組み込まれていないビジネス現場が未だ存在し続けているのもまた事実です。もちろん忙しいとか予算の大小だとか個々の事情はあるにしても、本当に価値があるなら多少の困難は乗り越えて現場に浸透していくはずなのに、です。

UXデザインの力について言えば、ただのテクニック論でなく具体的な成果を得ていますし、UXデザインの力を体感したことのある人達は高確率でその価値を評価してくれていることからも、私たち執筆陣としてはその力を疑うべくもありません。しかし、積極的にUXデザインを取り込むところと、UXデザインを取り込めないところの境目が比較的はっきりしているということも、また確かなのです。それはなぜか……。私は直感的にうまく説明できないでいました。

ところが最近、新説を思いついたのです。「UXデザインの価値は、まだまだ言葉で表現できていない」説です。

実はUXデザインの価値を既によく理解している人達の「上司や他部署にその価値をうまく伝えられない」というジリジリ感はよく聞きます。

UXデザインは、「目先の課題を直接解決するだけでなく、潤沢なアイデアの素と将来役立ちそうな知見をもたらす」のに、そこから生まれる大いなる可能性を（他の課題解決や将来の利益といった）「直接的で即物的な価値に全て置換して表現できていない」ことがジリジリの元からではないか、と思い至ったのです。まだ充分言葉にできていなくても直感的、感覚的には既に理解できているギャップというか。

冒頭に述べた積極的にUXデザインを取り込むところとそうでないところの境目は、こうした「まだ完全に言葉にはなっていなくても既に直感的・感覚的には自明な価値」を認められる組織なのか、その手前で止まってしまう組織なのか、から生まれるような気もします。

だからこそ、この本を手に取った皆さんにお願いです。

ぜひUXデザインの力を実際に試して体感してみてください。本で読んで分かった気になるのと、実際にやってみて体感するのは全くの別ものです。ユーザーの真の声、ユーザーのリアルに触れる機会を自ら作ってみてください。この本をきっかけに、UXの価値を体感した人が増えてくれること、そしてもっと素晴らしいサービス、もっと素晴らしいクリエイティブな現場が増えることを期待しています。

2016年10月 執筆陣を代表して　玉飼 真一

CONTENTS 目次

1章 UXデザインとは？

2章 ユーザビリティ評価からはじめる

3章 プロトタイピングで設計を練りあげる

4章 ペルソナから画面までをシナリオで繋ぐ

5章 ユーザー調査を行う

6章 カスタマージャーニーマップで顧客体験を可視化する

7章 共感ペルソナによるユーザーモデリング

8章 UXデザインを組織に導入する

この本の使い方

この本の想定読者（ペルソナ）

私たち執筆陣はこの本を書くにあたって、具体的な読者像をつかむためにヒアリングを重ねて、想定読者の共感ペルソナを作成しました（この共感ペルソナについては7章で説明しています）。

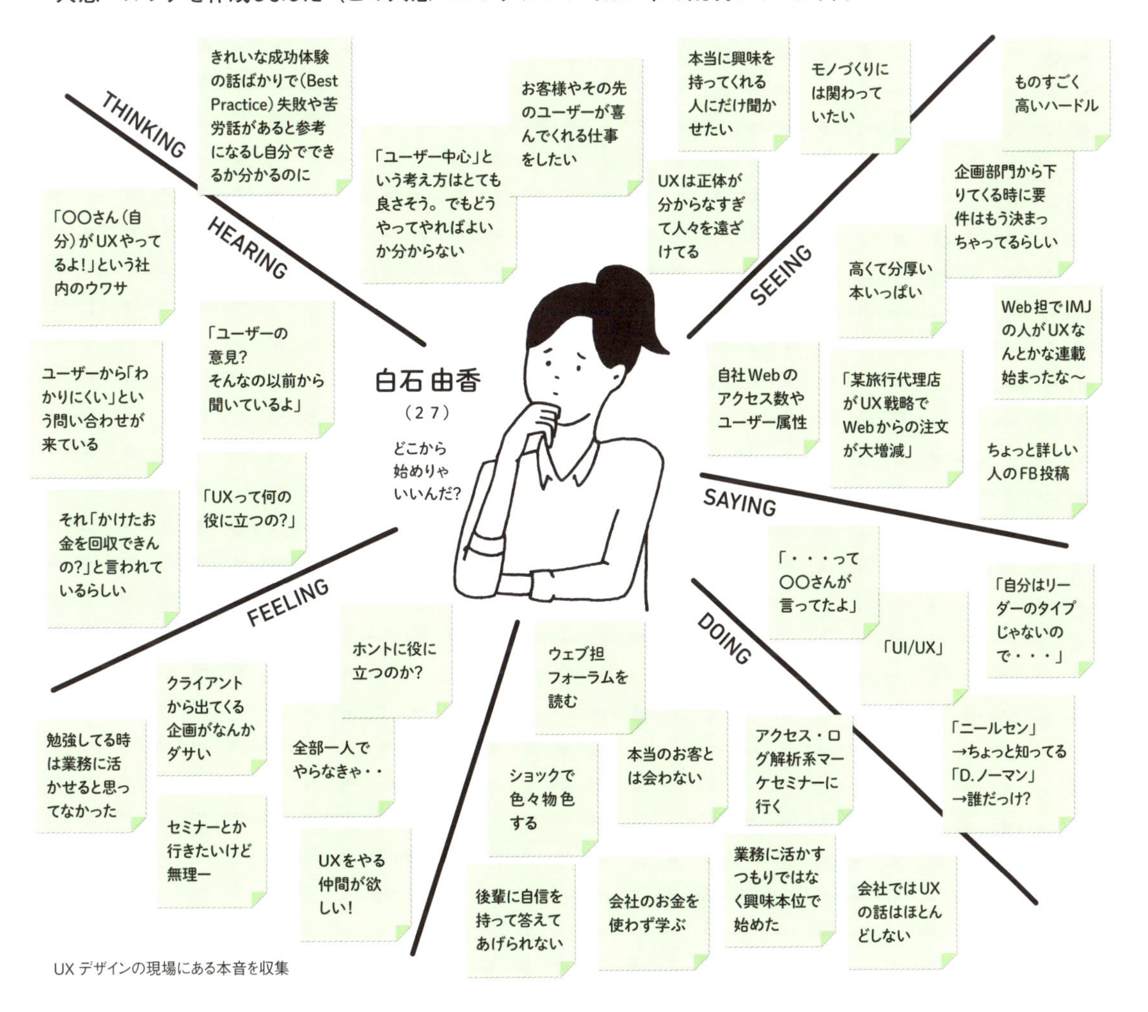

UX デザインの現場にある本音を収集

◇「白石由香」とはこんな人

共感ペルソナを基に、想定読者の基本属性を次のようにまとめ、名前を「白石由香」としました。

白石 由香（27歳／女性）

- Web制作を受託している数名から十数名規模の会社のWebデザイナー
- 最近UXデザインに興味を持ち始めて情報収集を始めた
- 画面を作り、デザインし、HTMLマークアップや顧客対応など比較的幅広く業務をこなしているこの本で「あなた」と書いてあるときは、Webデザイナーの白石由香さんを想定しています。ただし、製品・サービスの設計・Webサイト制作をされている方と読み替えても理解できるように書かれているので、他に以下の方々にも広く役立つ本になっています。

- UXデザインを学び始めたものの、仕事に使うことに難しさを感じている人
- Web制作受託の企業にいる人に限らず、デジタルプロダクト・サービスを企画し作っていくことに関わる人
- これからUXデザインを始めてみたい人

この本の作り

2章以降で、UXデザインの手法および実際にそれを現場で活かすためのノウハウをまとめています。

◇3つの取り組みレベルと、仕事としての機会の作り方ノウハウ

まだ仕事でUXデザインが行えていない白石由香さん（ペルソナ）が、UXデザインを学び、現場の仕事の中で徐々に使っていく指針として、3つの取り組みレベルを設定しました。2章以降の各章で、そのレベルごとに、仕事として実施する機会をどう作っていけば良いか、その具体的なノウハウが書いてあるので参考にしてください。

こっそり練習レベル	一部業務でトライアルレベル	クライアント巻き込みレベル
上長から業務扱いされていない中、個人的にこっそり練習してみるレベル	一部業務扱いとしてやってはいるものの、既存のやり方にあまり影響を与えない範囲に限っていて、新しく取り組むUXデザインでの責任が発生しない（またはかなり限定的）なレベル	UXデザインでの実施内容をプロジェクト全体に伝え、ワークショップに参加してもらうなどクライアントも巻き込んでいて、成果が問われ、UXデザインとしての責任が発生するレベル（有償／無償問わず）

◇具体的な2つの事例サンプル

実際に執筆陣が仕事として実施したプロジェクトのモデルケースをUXデザインの手法ごとに規模の異なる2つのケースを掲載しました。どこまで簡便にすませていいものか、またどこまで手をかけていいのか分からないといったときの参考にしてください。

◇テンプレートのダウンロード

以下のURLから、本書で使用しているテンプレートがダウンロードできます。

URL https://www.shoeisha.co.jp/book/download/9784798143330

1 章

UX デザインとは?

私たち執筆陣はUXデザインの力を信じています。目の前にありながらも誰の目にも見えていなかったユーザーの真実を掘り当て、一人だけの天才の力に頼らず、さまざまな人の知恵を集結して新しい価値を作っていくのは、実に今日的なクリエイティブなアプローチです。

written by 玉飼 真一（株式会社アイ・エム・ジェイ）

1-1 UXデザインの理想と現実のギャップ

UXデザイン関連の本が結構増えてはきましたが、「UXデザインってまだまだ世の中には浸透していないのだな」と今でも多くのシーンで感じます。またUXデザインの勉強をしてみたけれど今までのやり方は変えられず「仕事でUXデザインなんて、わたしなんかまだまだ……」という白石由香のような現場の声も聞き続けて早何年経つでしょうか……。

残念ながら、「UX（デザイン）はいい感じで使いやすい画面やフローを作ること」という程度の認識で、使いにくいUIのことを「この画面はUXが悪い」と言われます。

もちろんこれはUXの本来の意味ではありませんし、皆さんが本やセミナーで見聞きしたUXとは全く違うと思います。このギャップを埋めて仕事の現場でUXデザインを拡げていってもらいたいというのが、この本の主なテーマです。私たちが実務の中で体験してきた、UXデザインを実践するためのノウハウを皆さんにお伝えしていこうと思います。

まずは、現場の話に入る前に、まず理想的なUXデザインとはどのようなものかを今一度おさらいしておきましょう。

1-2 UX、UXデザインとは?

UXやユーザー体験、顧客体験などの言葉は、ビジネスシーンで意味があいまいなまま便利に使われてしまっています。UXデザインもUX自体があいまいな上にデザインの言葉の意味が広いのでさらに漠然としがちです。これが誤解の元なので、まずは簡単に整理します。

◇UXはモノでなくコト

UXとはUser eXperience（ユーザー エクスペリエンス）の略で、ユーザー体験と訳されます。それは、よく製品やサービスといった「モノ」ではなく、それを取り巻く環境という「コト」のデザインなのだと言われることがあります。

この説明にはよくコーヒーショップの例が使われます。コーヒーショップの商品（モノ）はコーヒーであって値段はそれについているけれど、実際は店員の対応、椅子の座り心地、内装、立地、客筋、時間……まで含んだ全て（コト）が価値であって、決してユーザーはコーヒー単体だけに価値を感じてお金を払っているわけではありません。

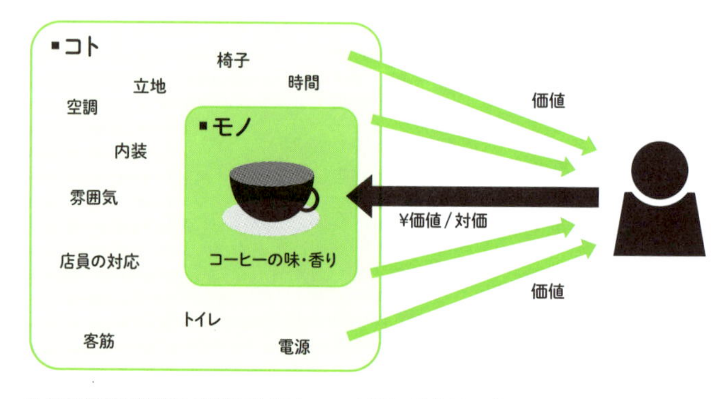

モノの価値だけで価値の全体像は決まらない。この傾向は今後さらに進む

21世紀になってモノは溢れかえり、モノ自体の力だけで価値が決まらず、モノを取り巻くコト全体の価値に目が向けられるようになりました。時代背景的にはiPhoneの登場・大成功で、ハードウェアそのものの魅力だけなく音楽やアプリなど付帯サービス全体が一貫した体験の価値を皆が気付いたのも後押ししたと思いますが、ビジネス界でも顧客体験が大事だ、これからはUXだ、最近はCX（Customer eXperience）だ、と言われ始め、広くメジャーな言葉になっていきました。しかし、ただモノを取り巻くコトだといってもかなり漠然としています。いったいどこまで含むのでしょうか？

◇UX白書でのUX

UXという言葉をビジネスの文脈で聞き始めたのは2000年代半ば以降でしょうか。私たちの印象としても最初の頃からずいぶんと便利に（自由に）使われていた感がありますが、こんなにもあいまいなままではさすがにマズかろうということで、UXの共通認識を作るため、ドイツで開かれたセミナーのワークショップの成果をまとめたものが有名なUX白書（2010）です。他にもUXの定義やモデルはたくさんありますが、分かりやすいのでUX白書を挙げておきます。UX白書ではっきりと時間軸の概念が入り、該当の製品・サービスを使っているときだけでなく、その前後の時間の中にもユーザー体験は拡がっているとされています。

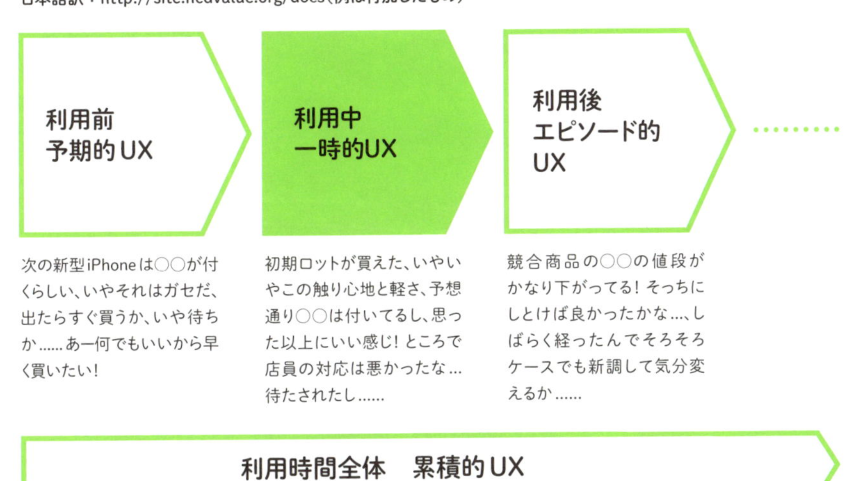

利用しているそのときだけにUXがあるわけではない

UX白書でのポイントは、直接、製品・サービスに触れていない前後の時間や繰り返してたまっていく記憶までもUXとなったので、よりいっそう製品・サービスはその一要素に過ぎないということがはっきりしたということです。つまり製品・サービスの側の意志だけで強制的にUX全体をコントロールするのは難しいということであり、結果的に製品・サービスはUXに従属せざるを得ないのです。（上の図の例でいうと、新機種の発表前にメディアでどんなことを目にするか、発売後に競合の価格がどう変化して価格比較サイトのコメントで何を言われるか、他のプロダクトライン製品の印象記憶……など、製品・サービスの立場からこれら全てに影響を及ぼし、コントロールするのは事実上不可能だということです)。
Webサイトでの例でもう少し具体的に書いてみると以下のようになります。

ユーザーにとっては、Webサイトの訪問前・中・後のすべてが「ひとつの体験」

家でTVCMを見て、はじめて商品を知る

Webで検索したり、実際のお店に行ったりして、他の商品と比べる

通勤中に特定の商品のWebサイト(スマートフォン)を見る

家で特定の商品をWebサイト(パソコン)で購入する

商品が家に届き、使ってみる

商品を使った感想を、SNSで投稿する

Webサイトの訪問前の体験 / Webサイトの訪問中の体験 / Webサイトの訪問後の体験

UXを把握するために利用前後まで考慮する必要があるということは、たとえばアクセス解析やWebサイトそのものに関するマーケティングデータだけ見ていても不十分というのがお分かりいただけるかと思います。ユーザーからするとWebサイトは体験の一部に過ぎないのです。

◇ UIとUXの違い

UIはUser Interfaceの略で、Webサイトやアプリなどにおいては主に画面周りのことです。UIはWebサイトやアプリ(モノ)がユーザーと触れ合う接点ではありますが、あくまでモノを使っているときに触れる一部分であって、体験の全てではありません。
仮にECサイトの例で考えてみると、UIだけでなく、品揃えや、ECサイト自体のプロモーション、配送、問い合わせサポート、サイトを使っていないときのメルマガ、SNSでの評判……もっと言えば競合サイトとの使い分けや価格比較サイトの利用なども含めて、これら全てからユーザーが感じとるものがUXです。
ですから、やはり主はUXであってUIはその一部、従属物です。

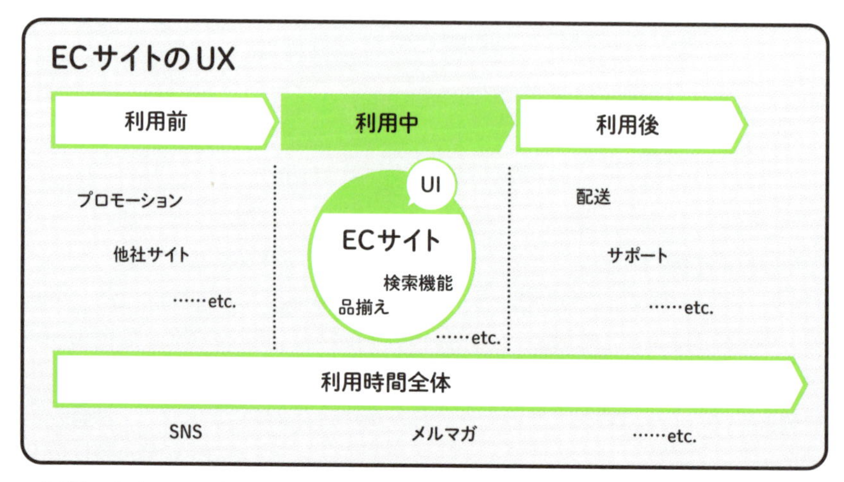

UIは重要ではあるものの、UX全体からみるとあくまで一部

◇UI、UX、ユーザビリティ

少し教科書的にUXとは何かのお話をしてきましたが、実際に現場で使われているUXという言葉と先の定義とはちょっとずれがあると皆さんもお感じではないでしょうか？　実際、本来の定義がどこまで浸透しているかというとまだまだ怪しく、UXを学んだ人が周りと話が噛み合わなくなる一因でもあります。

ここは間にUXの一部の要素でもあるユーザビリティ（＝使いやすさ）という言葉をはさんでみれば、世間でいわれているUIやUXの意味のずれが理解しやすくなると思います。たとえば「この画面のUXが悪い」とか、「UXを良くして欲しい」とかの表現の場合、だいたいユーザビリティの言い替えです。

UXという言葉が指す範囲は人によってずいぶん違う

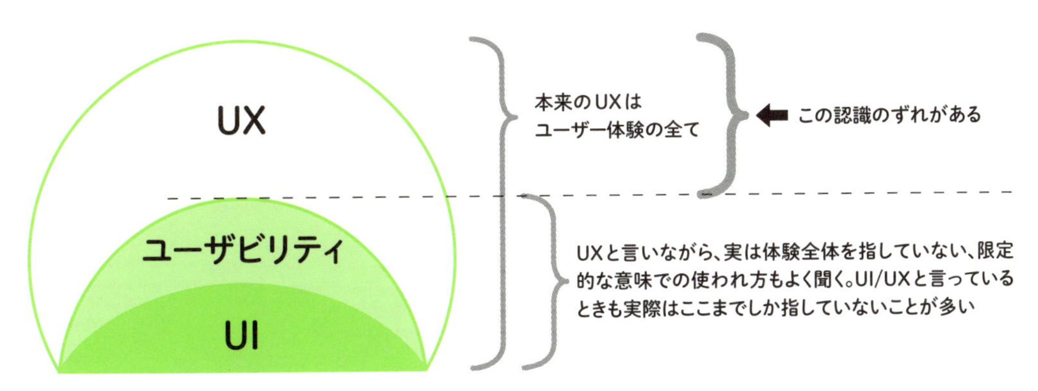

◇UXデザインとは?

UXの定義がいくつもあることから想像がつくように、UXデザインの定義についてもいくつも言われていますが詳細は省きます。ここでは、UXデザインとはUXを「デザイン ＝ 設計」することとだけ押さえておいてください。デザインという言葉が見た目という意味でのデザインという言葉と同じで紛らわしいですが、UXデザインのデザインはあくまで「設計」という意味です。

MEMO

UXデザインを行うためのプロセスとして、「Human Centered Design: ヒューマンセンタードデザイン（以下HCD）」というものがあります。これは国際規格*としても定められており、日本語では「人間中心設計」と訳されています。UXやUXデザインという言葉が生まれる以前から、工業製品やコンピューターシステム、ソフトウェアなどを利用するユーザーの要求に応え、高いユーザビリティや満足度を得るための方法論や手法として発展してきました。この本では詳しく触れませんが、関心のある方は人間中心設計推進機構（HCD-Net）のWebサイトなどを参考にしてみてください。

* ISO 9241-210:2010 Ergonomics of human-system interaction -- Part 210: Human-centred design for interactive systems
特定非営利活動法人 人間中心設計推進機構

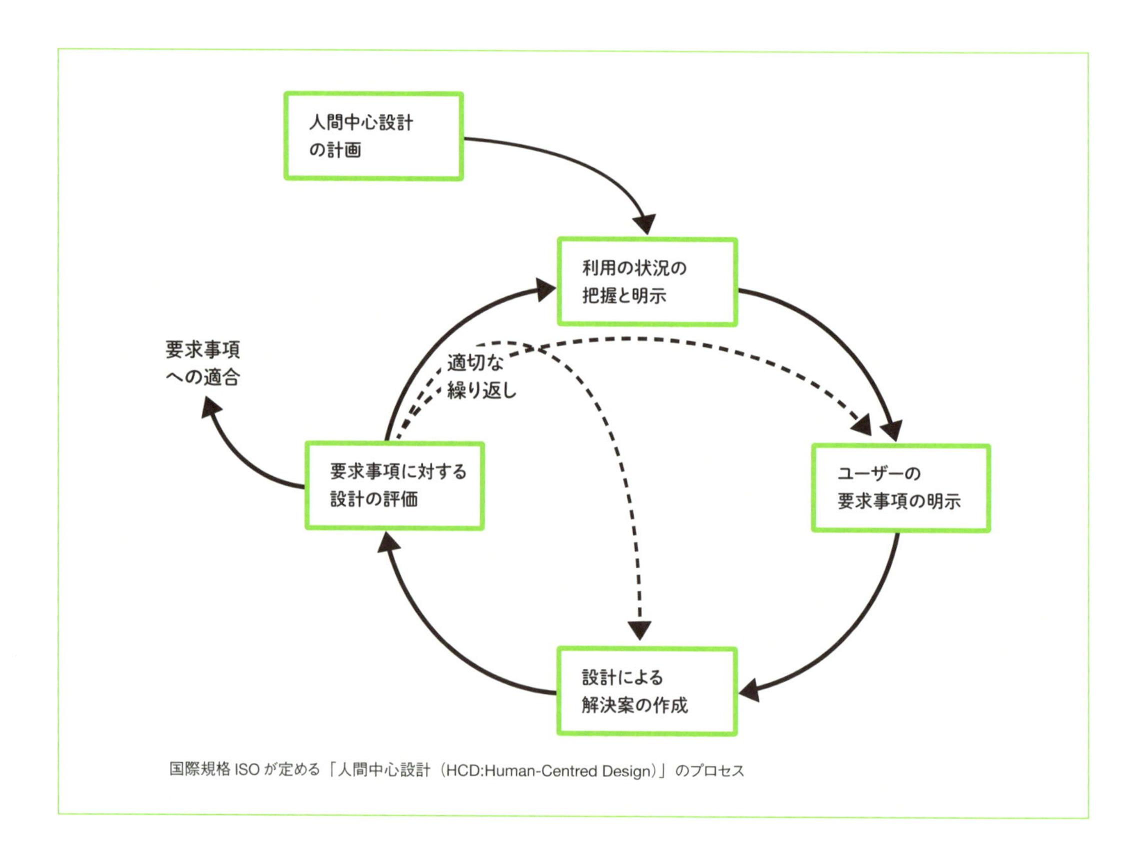

国際規格ISOが定める「人間中心設計（HCD:Human-Centred Design）」のプロセス

◇UIがUXを決める?それとも逆?

本来、UIはUXを形作る一部に過ぎないのですが、特にデジタルの世界ではUIがUXの中に占める割合が大きく、UIが主でありUXを規定するかのように（UI → UX）考えてしまうフシがあります。確かにデジタルで完結するサービスなどではついそう考えがちですが、ちょっと待ってください。これは極めて20世紀的な考え方で、モノがコトを支配できるというのと同じことです。UX白書での定義を思い出して欲しいのですが、たかが画面だけで（他社サービスやさまざまな個人的事情も含めた全体で成り立っている）ユーザーの体験を支配できるでしょうか？　もちろんNOですよね。

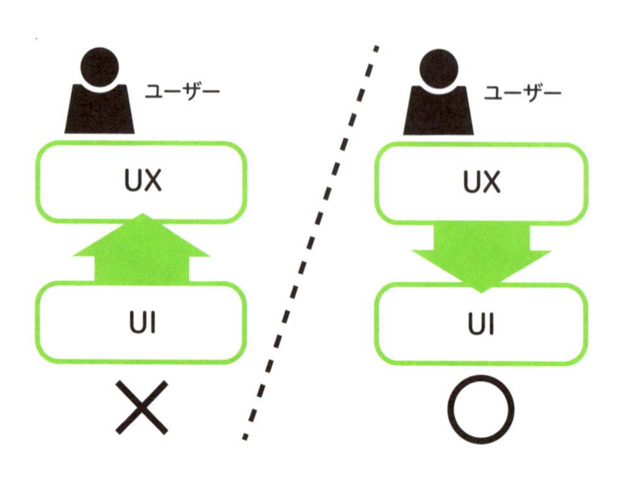

UIの側からUX(ユーザー体験の全体)をコントロールするのは事実上無理。だからUXデザインではUXを司る主体であるユーザーの心理やニーズを徹底的に学ぶ必要があります。ユーザーから見たら、こっち側(提供側)の事情なんか知ったこっちゃないのです。

UIを決めてからUXを考えるようでは話が逆

UXデザインではあくまで中心はユーザーであり、ユーザーに学ぶべしのスタンスが大切です。もちろん仕事としてやる以上、ビジネスとの折り合いはつけるわけですが、最初にビジネス側の都合からは発想しません。ビジネスの都合をユーザーに押しつけられるほど甘くないのが21世紀です。ユーザビリティを良くするにとどまらず、あくまでもユーザーに学び、ユーザーの体験がより良いものなるよう設計していった上でビジネスを成立させることがUXデザインなのです。

実際の現場では、これはきれいごとでしょうか？　……確かに。誰が聞いても正しく真っ当そうに聞こえるのに、仕事現場でこういうことを言ってもなぜスムーズにいかないのかを次から探っていきます。

MEMO

「UXデザイン」は“コト”を作り“モノ”と繋ぐ

「タートルタクシー」の事例は、製品や画面などの“モノ”ではなく、総合的なサービスで“コト”を設計している好例としてよく取り上げられており、UXデザインとは何かという概念が理解しやすいと思います。

モノが介在してコトを変える。生まれたコトに対して作られたモノはほんの少し

コトのUXデザイン例。IMJが企画・提案し、三和交通株式会社と共同開発した業界初の“ゆっくり走る”「タートルタクシー」(http://turtle-taxi.tumblr.com/)。「今はそんなに急いでないので、ゆっくり丁寧に運転して欲しい。けれども、運転手さんにわざわざそれは言いにくい」という乗客のモヤモヤを解決する施策として登場。ボタンが押されるとフロントガラスに「ゆっくり走行中」と表記されたパネルが掲示され、目的地到着後、“ゆっくり運転”した距離が記載されたサンキューカードを運転手から乗客へ手渡されます。

1-3 UXデザインを仕事で行うときの現実

UXデザインの力を発揮すべき現場で、あるべきUXデザインの理想と現実とのギャップは結構長く続いています。それはなぜなのでしょうか？

改めて書きますが、この本のテーマはこの理想と現実のギャップを越えて前に進むにはどうすればいいか、です。本やセミナーでは先進的で理想的なケースが語られることが多いですが、仕事を取り巻く現実と理想とのギャップをなかったことして、やみくもにUXデザインの手法をストックして声高に叫ぶだけでは、マニア扱いされるだけで仕事としての機会や評価が拡がりません。

プロジェクト関係者と価値を共有しながら進めないとUXマニア化する

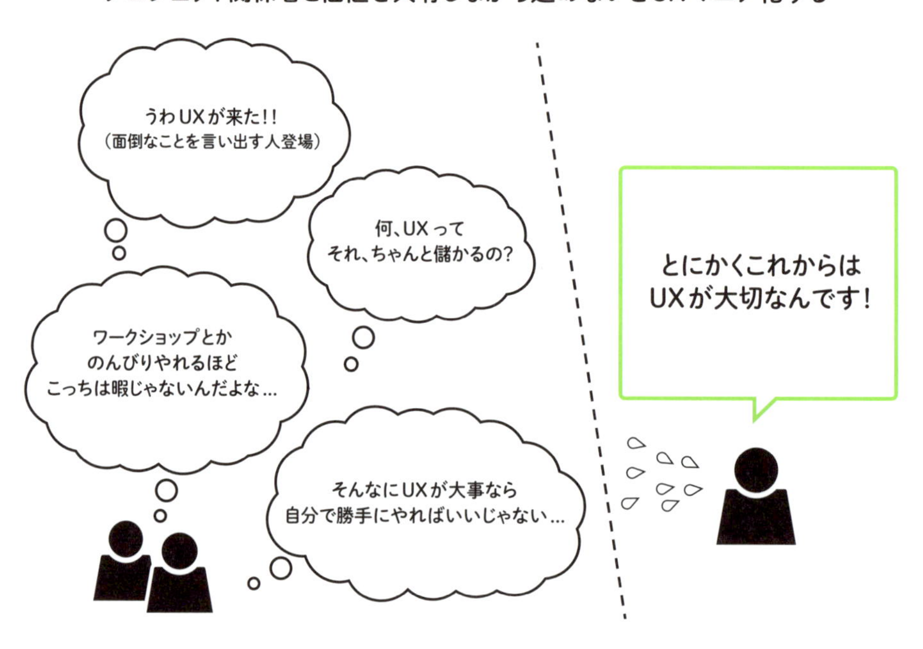

なぜ仕事の現場ではあるべき姿から離れてしまうのか、仕事でUXデザインを行うとすると出くわしがちな状況を大きく2つの視点から整理してみましょう。

◇ ①参加するタイミングでは既にプロジェクトの枠組みが決まっていて、新しい取り組みをやりづらい

既に決められたスケジュールや人の稼働、予算に余裕がないから、新しい取り組み（UXデザイン）にチャレンジしにくい。

→ つまり呼ばれたときにはできることが限られてしまう「タイミング今さら問題」

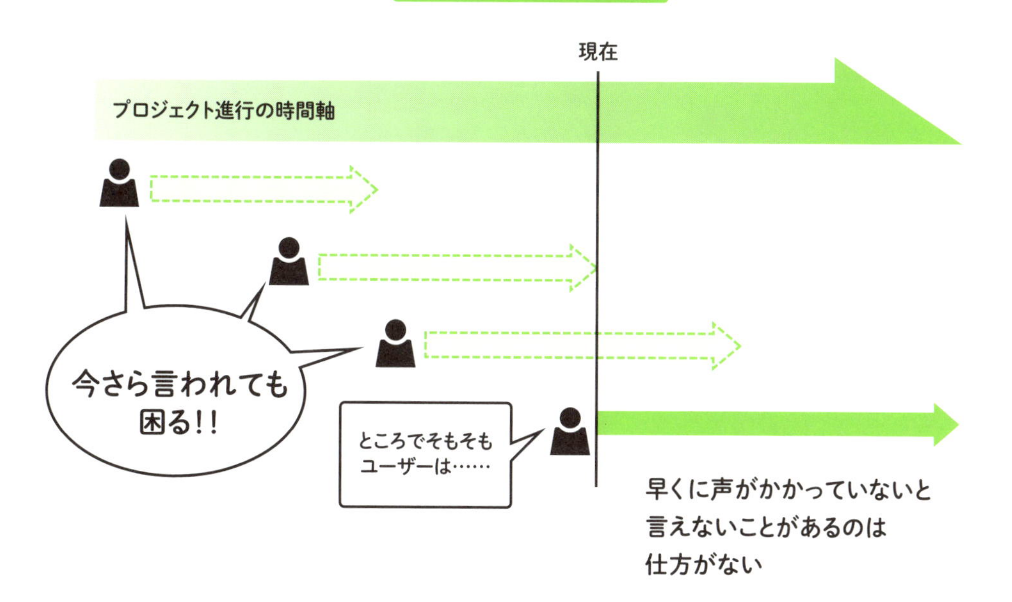

◇ ②あなたの職種や役割を越えてしまう、相手の役割を越えてしまう

既にアクセス解析やA/Bテストなど実施済み、長い経験の中で十分に理解しているし、ユーザーのことはさんざん調べてきた自負がある。それぞれが持ち場をちゃんと守って仕事するのが先で、外野の素人にアレコレ言われることではない。
→「持ち場を守れよ、越えるな問題」

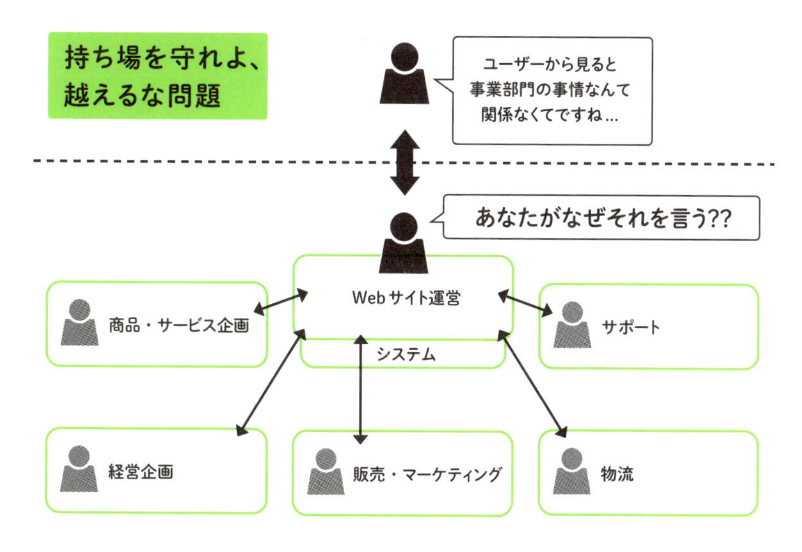

各自の役割範囲を越えて、本質的な議論を行うのは大変

このように、もしUXデザインを実施できないとしたらあなた自身の能力の有無だけが理由ではないのです。つまり「UXデザインの価値」とそれをやりきる「あなたの実力」が関係者に認められていくことが大事、そうでないと大したことはやらせてもらえないということです。

タイミング今さら問題
早くに声をかけてもらえること

持ち場を守れよ、越えるな問題
広い範囲の仕事領域に口をはさめる立場

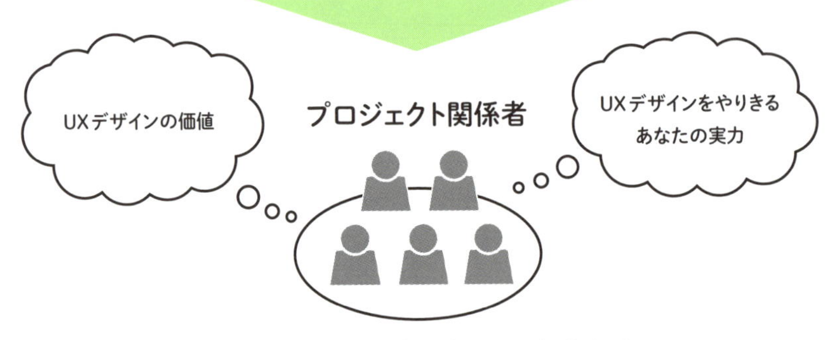

2つとも認めてもらえていますか?

ひっそりとあなたの能力が高いだけでは不十分。UXマニアだと見られてはだめ

1-4 そんな中どうUXデザインをやるべく攻めるか?

ではどうしていくかの基本的な戦略(作戦)をお伝えします。大きくは2つの方向性があります。

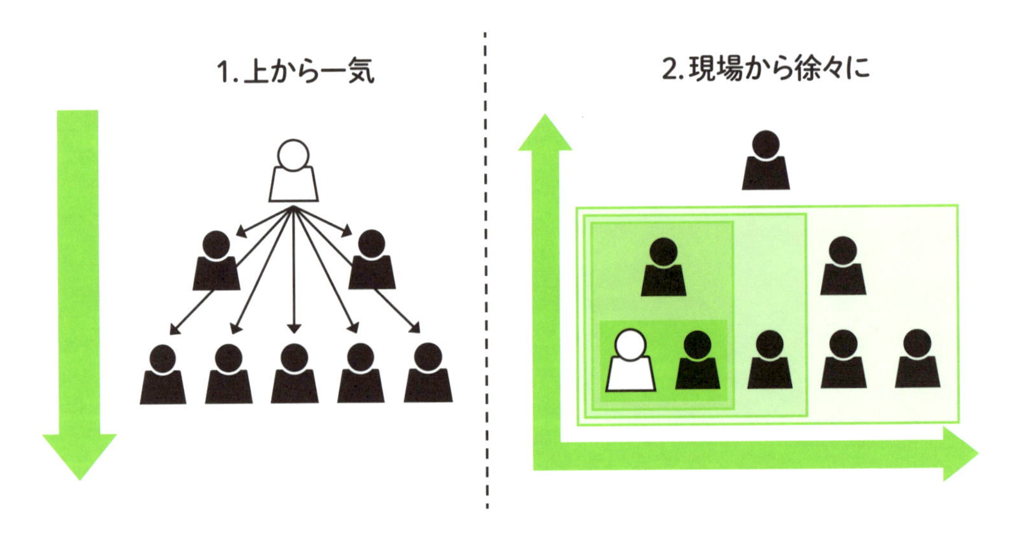

どっちのケースも存在しているが……

◇1. 上から一気にやる

かなり上位の人がUXデザインの推進者となって、関係者を広く巻き込んでいくというのが、ひとつのパターンです。ただし、あなたの働きかけによって上位の人に協力者になってもらい（味方につけて）動いてもらう作戦は、あなたが上位の人から高い評価を受け、交渉力も持っており、また多少の軋轢はものともしない強さがないとだめな作戦です。海外の派手で目立つ事例はトップダウンでプロジェクトが起こされて、顧客価値を真摯かつ純粋に追求し、事業間の壁を越えたりしながら、大きな成果を上げる、といったケースが多いですが、正直なところ日本でこれができる企業やプロジェクトは組織文化的に限られているというのが実感です。

UXデザインを継続的に行える環境作りをさっさとして経験を積みたいのなら、意思決定がコンパクトな小さな組織へ異動する、あるいは意思決定の主導権を取りやすいプロジェクト（たとえば地域活性のためのボランティア組織など）に関わってみる、などの方法もあるでしょう。

◇2. 現場から徐々に理解を拡げていく

もうひとつは少し時間はかかりますが、着実にあなた自身の経験と実力をつけながら関係者の理解を深めて、やれる範囲を拡げていくというアプローチです。

私たち執筆陣がずっとやってきたのも主にこちらの方法です（この本も、ほぼこの「現場から徐々に理解を拡げていく」スタンスで書かれています）。これは確かに極めて日本的かもしれません。でも現場発で、しかもそれをより多くのケースにおいて浸透させ、UXデザインを行っていくには、「まず現場で理解を積み重ねる」しかないと思っているからなのです。

◇UXデザインの手をつけやすい領域とは?

先にUXデザインをやろうとする際に出くわしがちな状況を整理しましたが、最初のうちはあなたが呼ばれて当然の「タイミング（プロジェクトのフェーズ）」で、あなたが口を出しやすい「領域」にあるUXデザインの取り組みこそ、まず手をつけやすい手法ということになります。

タイミング

あなたが呼ばれたタイミングでできることに限りがあったとしても、スケジュール上終わったことになっている内容をやり直すような進め方や提案は本来NGですし、特に慣れないうちに本質論を持ち出して無茶する必要もありません。これからあなたは周りに「UXデザインの価値」と「あなたの実力」を認めさせていこうとするわけですから、意味なく“UXアンチ”を作るような動きは控えましょう。

あなたが口出しやすい「領域」

もうひとつの「領域」についてはこのような構造で理解してみてください。大きくふたつの立場（役割）を想定します。ひとつはビジネス側、もうひとつは設計側です。この関係の中で、普段プロジェクト内でやりとりしている領域（たとえば画面周り、Webサイトの設計方針、機能など）に対してUXデザインの手法を取り込んでみるのは、（当たり前すぎるかもしれませんが）自然でやりやすいでしょう（まだ最初のうちはユーザーの体験全体を見ようと焦らなくても大丈夫です）。

ところがこの領域から外れそうになることがあります。私たちはこの領域から外れそうになる境界を「そもそもライン」「おまかせしたいライン」と名付けています。

MEMO

なお、これは受発注関係があるプロジェクトチームの場合は、ビジネス側を発注側（クライアント）、作り側を受託側と考えても良いですし、事業会社の場合はビジネス側を事業企画チーム、作り側を社内の制作・運営チームと捉えても成立するはずです。

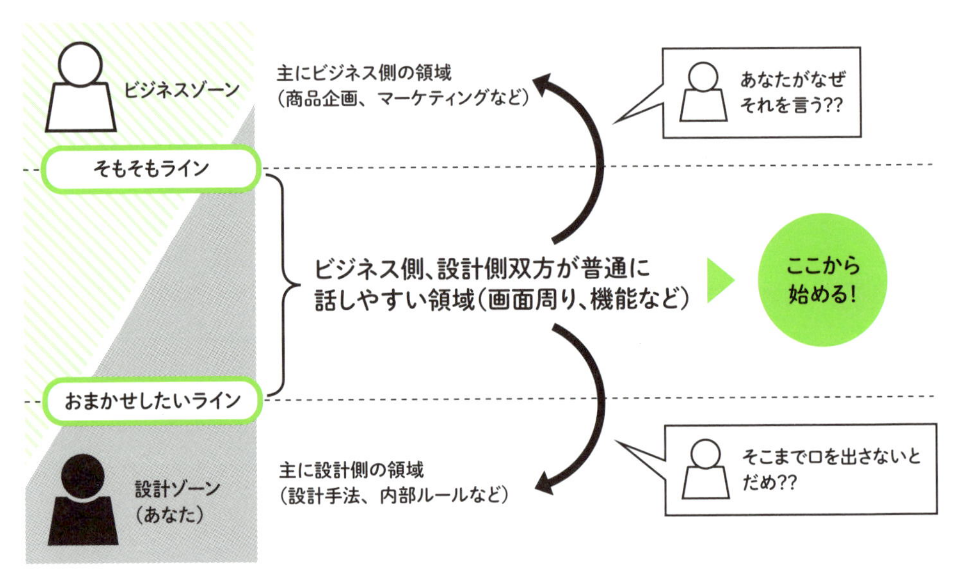

存在を分かった上で、最初はやりやすいところから始める。ただし、いずれ越えていくことは狙うべし

この状況を逆の立場から眺めるために、ビジネスから離れて身近な例で考えてみます。あなたが近所の小さな子供たちに自然の大切さを伝える夏休みイベント実行委員をやることになったとしましょう。着ぐるみのショーがイベントの目玉と決まり、イベント会社に依頼して内容を詰めていくとします。

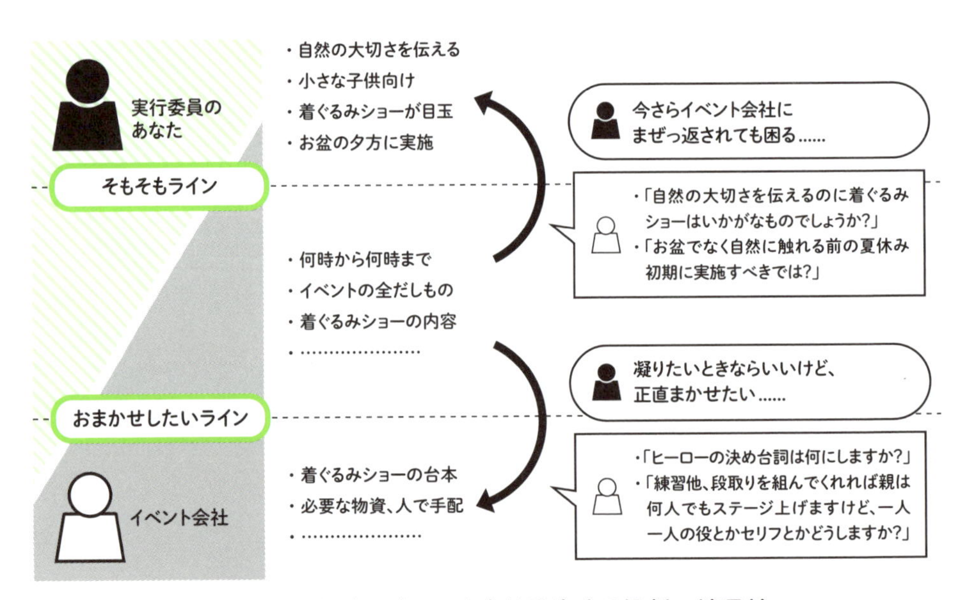

初めてやる仕事であっても自然発生する役割の境界線

どうでしょう？　あなたとしてはイベント会社にお願いしたつもりの範囲を越えて、そもそも論を聞かされても、なかなか耳を貸す気にはならないものです（「そもそもライン」）。また、プロにお任せしてしまいたい部分も当然あります（「おまかせしたいライン」）。逆にイベント会社としては本当に素晴らしいイベントを依頼主と一緒になって作っていくには、来年の企画が立ち上がる前に実行委員会と会話して、企画の段階から呼んでもらい、また実務のディテールにも深く関わっていく必要があると考えるでしょう。

本来のUXデザインを実施していくのも全く同様で、より早期のタイミングに声がかかるようにすること、「そもそもライン」と「お任せしたいライン」をあなたがどのように上手に越えていけるかです。ただし幸いなことに取り組みやすいところからの一部のUXデザインの手法であっても実施する価値は十分あるので、最初はやりやすいところからはじめることが可能です。

◇ユーザーの本質的な欲求まで探求しないのはあり？

UX関連の本では「UXデザインはユーザーの本質的な価値や欲求を探れ」と説いています。確かに大きなイノベーションを起こすためにはその通りなのですが、先にも述べたように実際はいくつかの制約があります。

ここではあえて現実的な選択としては「本質的な価値」を探らないUXデザインも意味があるのだ、と断言しておきます。これは志が低いのではなくて、「UXデザインの価値」とそれをやりきる「あなたの実力」を周りに認めてもらうための途中ステップです。それに大事なことですが、途中段階であっても十分にビジネス上の価値もあります（つまり仕事として取り組む意味があるということです）。

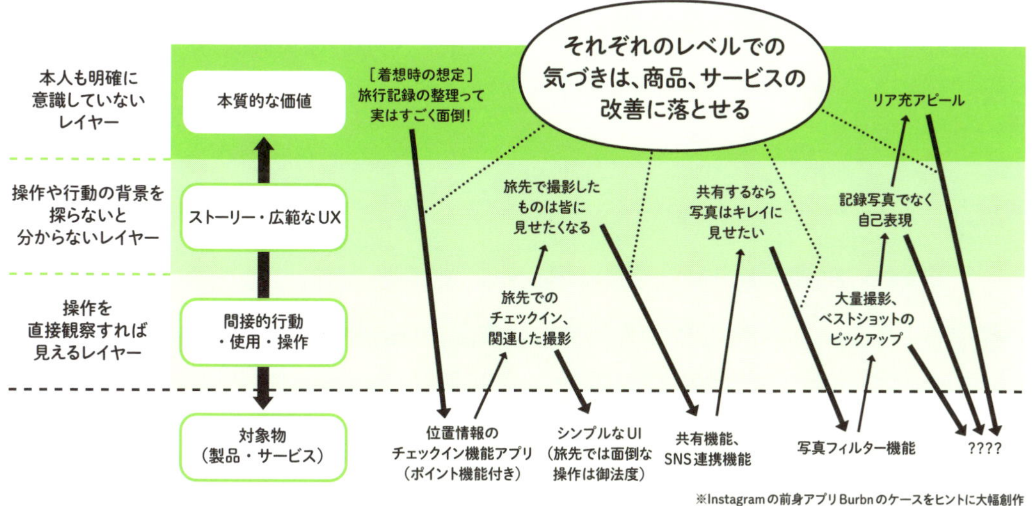

それぞれのレイヤーの発見はそれぞれサービスを変えるヒントになる

MEMO

私たち執筆陣はクライアントも自社も顧客体験の「こ」の字もない頃より自主活動から始め、UXデザインをビジネスの現場に導入する実践を積んできました。その活動もまた部分的な取り組みをしながら成果を作り、（クライアントも含めて）理解者を増やす活動だったのです（組織としてのUXデザインの導入については8章にまとめましたので参考にしてみてください）。

◇UX デザインの価値を感じてもらうためのエンジン

現場から関係者に「UXデザインの価値」の理解を拡げていくとき、最も重要な共感ポイント（エンジン・駆動力）をお教えしておきましょう。それはこれです。

（十分に分かっているつもりだったのに）
こんなにもユーザーのことを理解していなかったのか！！

古代ギリシャの哲学者ソクラテス風に言うと、「無知の知」、つまり実は分かっていなかったのに気づくことです。ここは声を大にして言いたいのですが、今なお驚くほど多くの人が「ユーザーの考えそうなことはもう既に自分たちは分かっている前提」でプランを立て、判断を組み立てています。実は誰にでもその可能性があります（実はかつての私たち自身もそうでした）。

普通の人ならこの「ユーザー無知の知」に出会い体感すると、さまざまな感情的なスイッチが入り頭が回るようになります。

これはマズい。
なんとか急いで見つかった問題を解決せねば
（リスクの解消）

こんなにも気づいていなかったことがあるのか。
競合に差をつけるチャンスだ
（機会の獲得）

いいモノを作りたいのに実はまだこの程度だったのか。早く改善したい
（プロダクトやサービスへの愛）

もっと謙虚にユーザーに学ばせてもらわないと（調べみないと）分からないこと多いよね、というのが関係者間の共通認識になれば、徐々にUXデザインをやりやすい環境になっていきます。

プロジェクト開始前には既にユーザーは十分に調査済みという話もよく聞きますが、実際は定点のアンケートや質問が固定化したグループインタビューがされているだけということも多く、こうした場合、暗黙の仮説が設問の選択肢に織り込まれているため新たな発見が難しくなります。「毎年たいして変化がない結果」を繰り返し眺めているとユーザー像は確定したかのように勘違いされがちですが、既に分かっているトピックを毎年同じようにユーザーに尋ねているから変化が薄いだけです。何を分かっていなかったのか、それが分かると関係者もドライブがかかります。

私たちが出会った、言われれば当たり前のようで事前に気づけなかったユーザー側の事情

起きたこと		ユーザー側から眺めると…
業務用の旅行関連データの登録をしてもらうサービスで、データのキャンセルをしやすくしたら逆に登録が大幅に増えた	▶	どうしても一定頻度で必要になるキャンセル操作が面倒だったので、これまでは確実でないデータの登録をわざと控えていた
団体保険の更新が紙でしか手続きできなかったのでオンライン化したい。ついでにセキュリティを高めるため、利用は社内のネットワークに限定しようとした	▶	更新の紙を記入していたのは本人ではなく配偶者の方が圧倒的に多かったので、社内ネットワーク限定のオンライン化をしたらほぼ使われなくなってしまった
有料動画配信のサービスで、スマートフォン等でも見られるようにしようとした	▶	従来のメイン客層は家の大きなTVでゆったり映画を見たいと思っており、スマートフォンでの視聴は全然求めていなかった

（一部脚色、変更しています）

事業提供側の思い込みに隠された発見はまだまだ見つかる

MEMO

昨今カスタマージャーニーマップ（6章参照）がよく話題に取り上げられるようになったのは、ユーザー無知の知をテーブルに上げる機会としては良い兆候とも言えます。正しい調査データから暗黙の前提に囚われずに整理をしていくと、特に強いとされる製品やサービスでさえユーザーにとっては選択肢の一部に過ぎないことがよく分かります。そこに気づけたら真の勝負というか、本来のUXデザインの活躍しどころです。

1-5 UXデザインを学習し、実践していく

次章から具体的な実践手法の話を始めていきます。

◇まずはあなた自身が学んで、そして周りを徐々に巻き込んでいこう

先述の通りUXデザインを仕事で使っていくには、徐々にやりやすいところから実力・経験を積んでいくことをおすすめします。そうして関係者の間でUXデザインを当然のものにしていくのです。

この本は薄く広くUXデザインを紹介するのではなく実践的な学びの本を目指しているので、特に実践に近いと思われる手法を5つピックアップしました。次の章からこの5つについて、具体的に説明していきます。

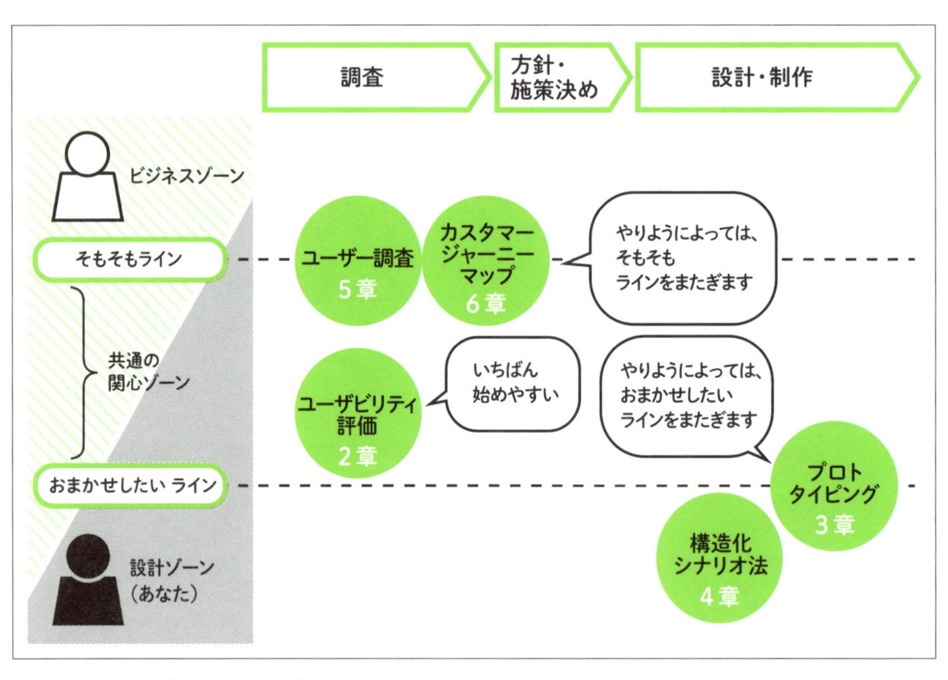

この本で紹介している実践的UXデザインの手法

2章

ユーザビリティ評価からはじめる

ユーザビリティ評価はWeb制作者にとって、取り組みやすく、実践機会も作りやすいものです。私たち執筆陣は社内外に対してUXデザインの教育を行ってきましたが、Web制作者にとってのUXデザイン実践は、ユーザビリティ評価の実践経験を積むことから始めると良いと確信しています。

written by 村上 竜介（株式会社アイ・エム・ジェイ）

ユーザビリティ評価とは?

ユーザビリティ評価とは、Webサイトやアプリなど、ユーザーが利用するモノの使い勝手、ユーザビリティ*を評価することです。一般に「ユーザビリティテスト」(またはユーザーテスト)と呼ばれる手法は、ユーザーを介して行うユーザビリティ評価の一手法です。

Webサイトのユーザビリティテストでは、実際のユーザーにWebサイト利用の目標やタスクを与え、独力で実行してもらいます。

評価者はユーザーがタスクを実行する様子を観察し、(1) ユーザーはタスクを完遂できたか (有効さ)、(2) 効率良く完遂できたか (効率)、(3) 不満はなかったか (満足度)、を評価します。

＊ユーザビリティとは?

ISO9241-11の定義では、「ある製品が、特定のユーザーによって、特定の利用状況において、指定された目標を達成するために用いられる際の、有効さ、効率、ユーザーの満足度の度合い」と定義されています。

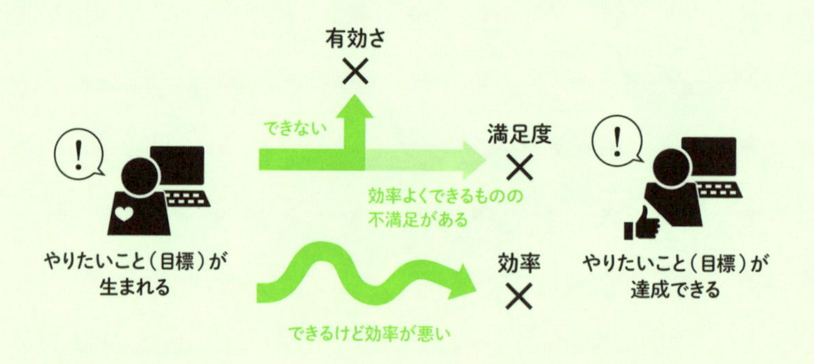

ユーザーが製品を利用する際に目標を達成できない場合を「有効さの問題」、達成できるが効率が悪い場合を「効率の問題」、効率も悪くないが不満足を与える場合を「満足度の問題」と位置づける

ユーザビリティ評価のアウトプット例

評価結果としてユーザビリティはどうだったか (良かったか、悪かったか、改善の必要性および改善点など) を示します。また、その論拠・根拠 (なぜそう思うか、そう思うにいたった経緯) を示します。加えて、発見された問題とその要因を示します。改善案はユーザビリティ評価に必須ではないですが、可能であれば併せて示すことをおすすめします。実務ではユーザビリティ評価と設計改善は別々の担当者が実施することも多いです。そのため評価担当者が改善案 (どのような改修が有効か) を挙げた

上で、設計改善担当者がWebサイトの仕様や運用の制約などを踏まえ改善施策（具体的にどう改修するか）を作ることが多くあります。改善案も示すことで設計改善の担当者が問題の要因を理解しやすくなります。以下、某有料TVチャンネルのオンデマンド配信サービスをDMで知った既加入者が、DMを手がかりにサービス利用開始できるか、ユーザビリティ評価を行った案件を例に挙げながら説明します。

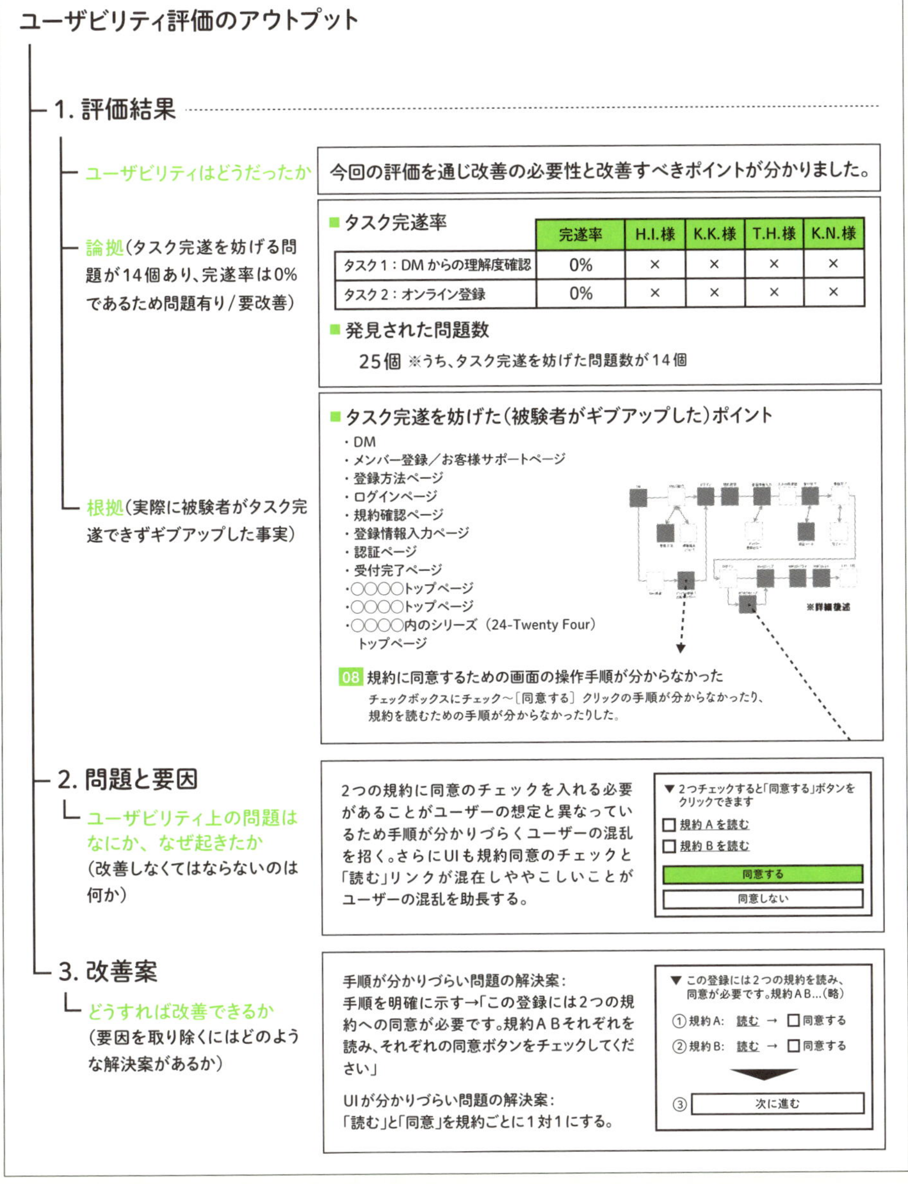

評価レポートを作成した例。レポート自体ははるかに簡便に済ますことも多い

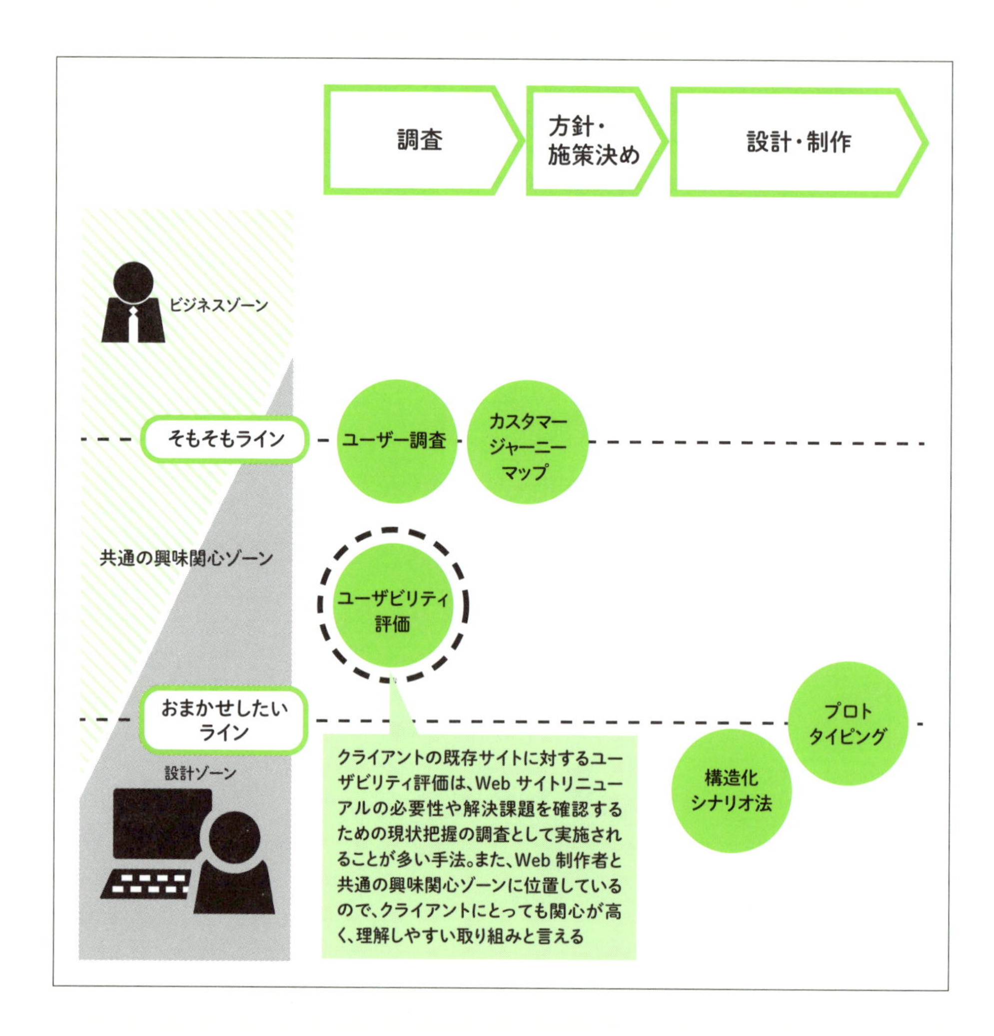

〈仕事としての始めやすさ〉

こっそり練習	一部業務でトライアル	クライアント巻き込み
★	★	★

「うちのサイトは使いやすい？」「改善課題はどの辺り？」といったことをクライアントから聞かれたことはありませんか？ 直接的にこのように聞かれたことがなくても、Webサイトのリニューアル提案を依頼された場合には、現状サイトを見て、どこが良くてどこが悪くて、どこを改善すべきかを考えて、さまざまな提案をしていると思います。

経験に基づく主観的なWebサイト評価だけでなく、これから説明するユーザビリティ評価の実施を通じて「Webサイトのどこが良くてどこが悪くて、どこを改善すべきか」を探れば、これまでと違うワンランク上の成果に繋がっていくと思います。

2-1 Webではユーザビリティ評価のチャンスは多い

あなたがWebサイトの設計や実装を行う会社にいるのであれば、現行サイトの改善プランを求められることも多いでしょう。そのときがユーザビリティ評価の実践チャンスだと考えてください。

企業のWebサイト担当者は、アクセスログを定期的に確認し、Webサイトの成果や状態をチェックし、うまくいっていなければどこに問題があるか探します。

しかし、アクセスログから分かることは、Webサイトがユーザーにどう利用されているかの傾向です。離脱の傾向などから問題がありそうなページやオブジェクトが分かっても、具体的にWebサイトの何が問題か、その要因は何か、までは特定できません。これでは確信を持ってWebサイトの改善施策を立てることはできません。

ユーザビリティ評価では、Webサイトの問題と要因を特定することができます。

アクセスログから問題がありそうなページは分かるが、ページ上のどこの何に困ったかは分からない

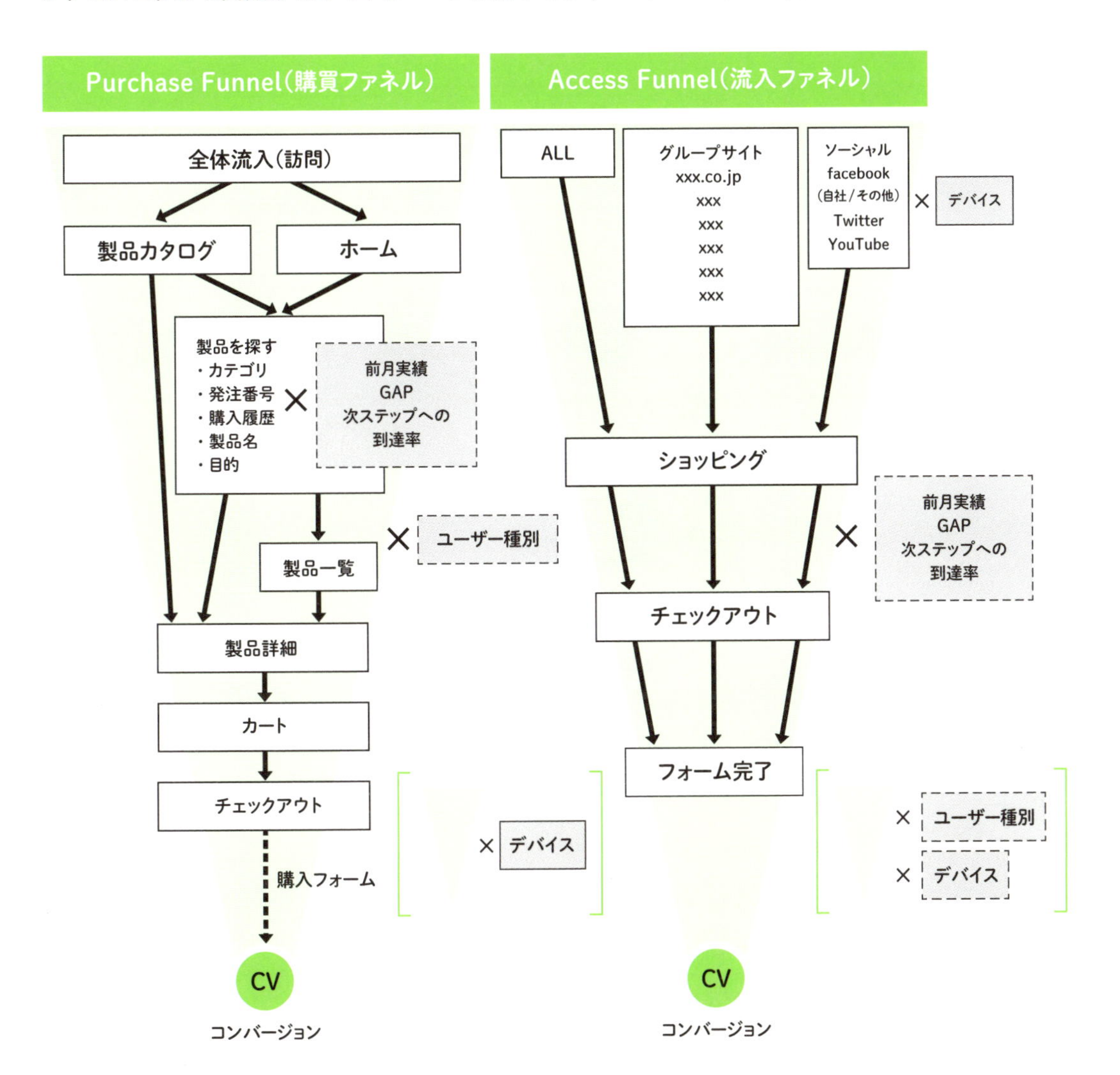

2-2 Webの現場でのユーザビリティ評価とは？

ユーザビリティを評価することは、Webサイト設計の妥当性を確認することです。

ある人が、ある状況で、あるタスクを効率良く、不満もなく、完遂できるかを評価することです。以降、私たちが関わった衛星放送のWebサイトの事例をもとにして説明を進めていきます。

たとえば、スマートフォンではメールとニュースチェックくらいしか使わない人が（ある人が）、テレビを見ていて衛星放送に申し込もうと思い、受付の番号に電話をしたものの混んでいたためスマートフォンを使いインターネットからの申し込みをしようとした際に（ある状況で、あるタスクを）、手間取ったりせず（効率良く）、不満が生じたりせず（不満もなく）、手続きを完了できるか（完遂できるか）、ということを確認します。

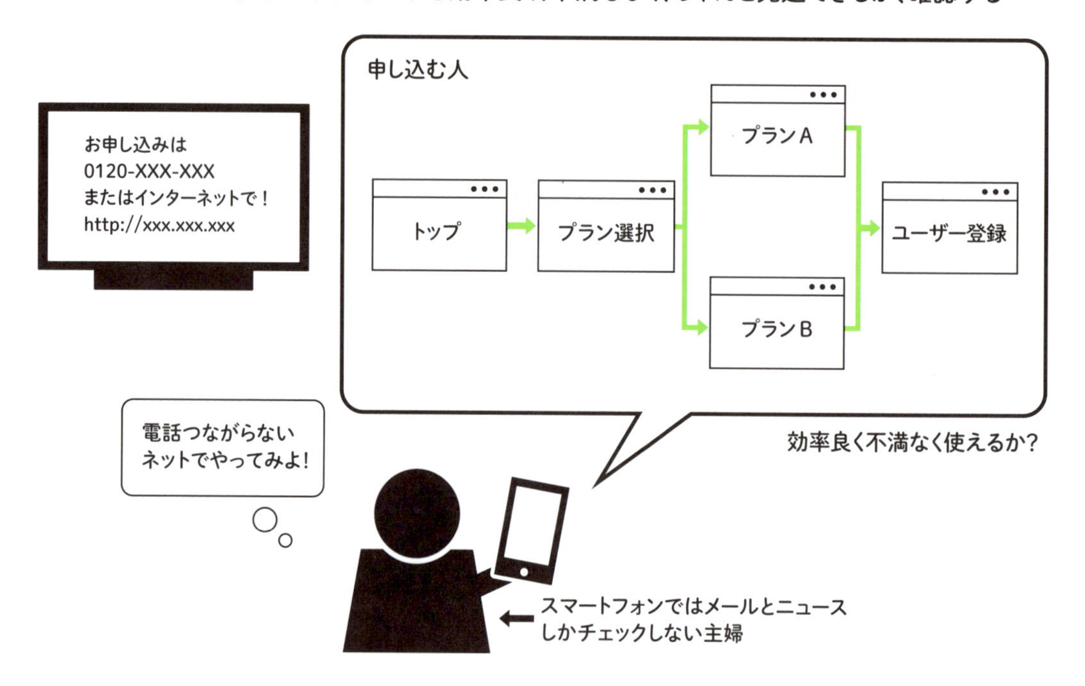

2-3 ユーザビリティ評価の方法

ユーザーを呼んできてWebサイトを使うところを観察し、Webサイトの問題を洗い出します。

ユーザーを呼ばずに行う方法もありますが、まずはユーザーを呼んで来て行う「ユーザビリティ評価」の方法について説明します。

◇ 何をする?

ユーザーが対象のWebサイトを使うところを観察し、Webサイトの設計者が想定した通りに使えるかを見ていきます。

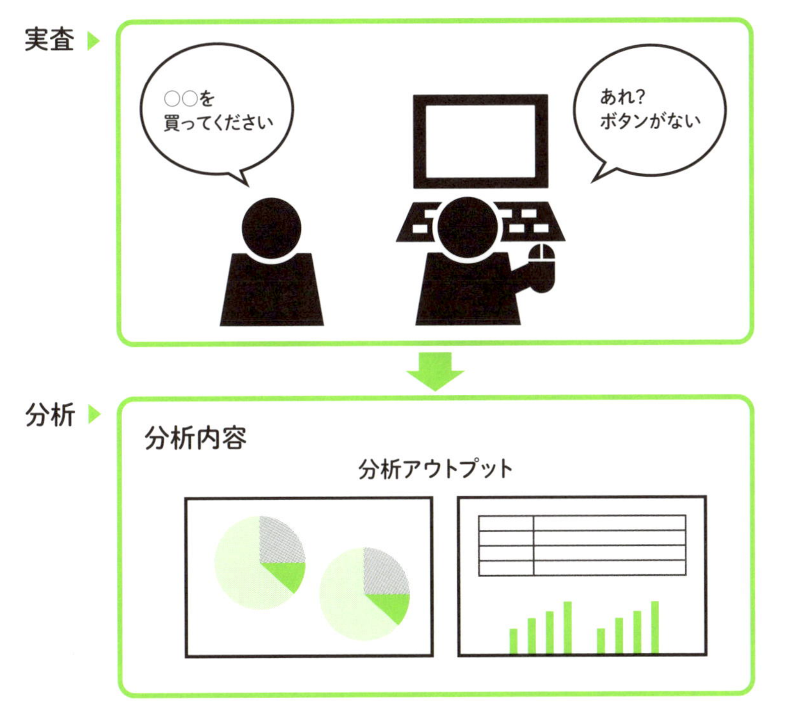

ユーザビリティ評価のイメージ

ここで重要になるのが、「使う人、状況、タスク（ユーザーに与える目標）」を設定することです。

「使う人、状況、タスク」の例

使う人：録画の方法が難しくてできないドラマ好きの55歳主婦。
状況：外出予定があり楽しみに観ている『24 Season IV』の第23話を見逃した。
タスク：某有料TVチャンネルのオンデマンド配信サイトで、『24 Season IV』第23話を視聴する。

ユーザビリティは、「特定の利用状況において、特定のユーザーによって、ある製品が、指定された目標を達成するために用いられる際の、有効さ、効率、ユーザーの満足度の度合い」と定義されています（ISO 9241-11 における定義）。「使う人、状況、タスク」のどれかひとつでも異なれば、ユーザビリティの良し悪しは変わってきます。

MEMO

◆Webサイトにおけるユーザビリティの重要性

Webサイトはユーザーが独力で利用するモノですので、ユーザーによって使えるか、または使えないかが大きく分かれます。その人はデバイスの操作やブラウジングに慣れているかという経験値や、ユーザー登録中に出てくる「メールアドレスの認証」の意味を知っているか、といった知識によって使えるか、使えないかはあっさりと逆転します。

そのWebサイトを使う人はどんな人か、どんな状況でどんな目標を達成する（タスクを行う）のか、これらが曖昧なまま成果を上げるWebサイトを設計するのは難しいことなのです。

2-4 ユーザビリティ評価の実施手順

ユーザビリティ評価を始めてみることは決して難しくありません。実施手順を見ながら実際にやってみてください。

ユーザビリティ評価の実施手順は概ね以下のように整理できます。

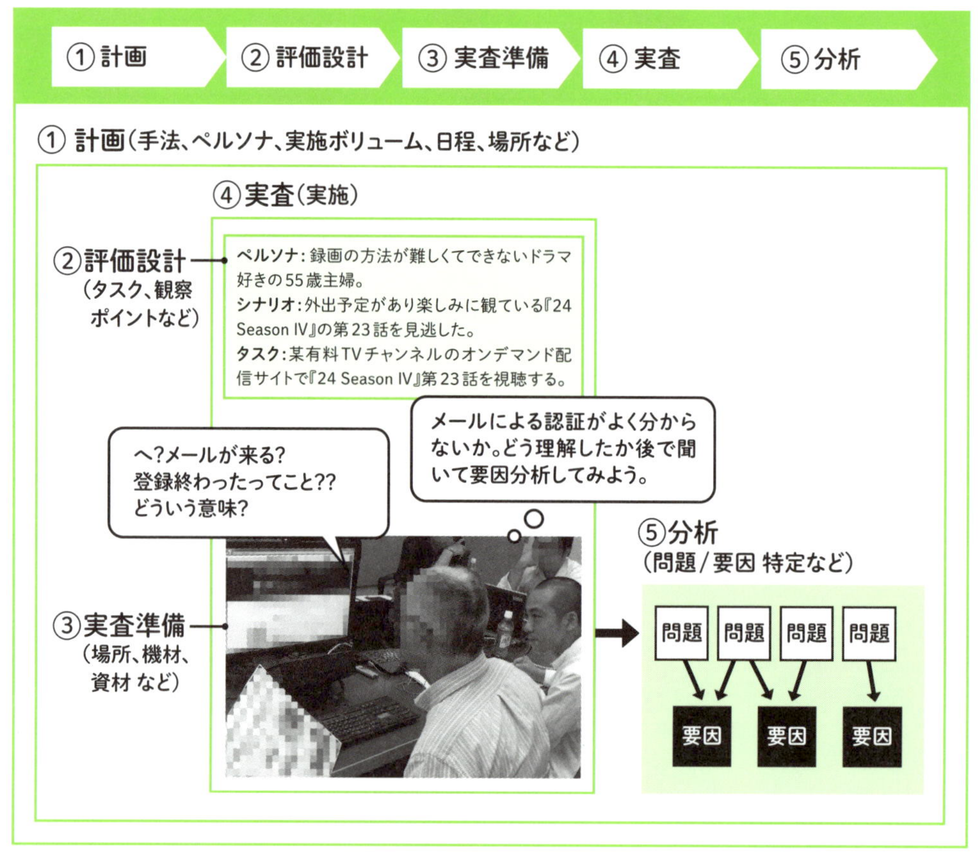

ユーザビリティ評価の実施 順

ここではこの5つの手順に沿って実施手順を説明していきます。

◇①計画

何のために、誰が、いつ、何を、どうやるかをまず決めます。

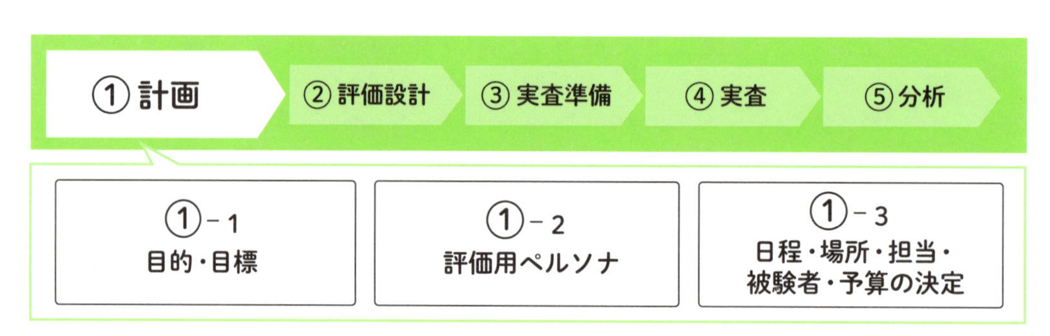

計画段階の実施手順

①−1　目的・目標

他の業務と同じく、ユーザビリティ評価においても目的・目標をハッキリとさせることは大切であり、また最初に行うべきことです。

まずは目的です。評価を行う背景と評価結果の活用方法について、プロジェクト関係者間で明確にしておいてください。

今のサイトの使いやすさを知りたい

Webサイトのターゲットをサービス理解の少ないユーザーにまで拡げたい。その人達にとっての、現状の使い勝手に関する課題を4週間後にスタートするサイト改修プロジェクトのインプットとしたい。予算は要件定義の現状評価費用○○万円とする。

評価目的の例

次に評価結果の使い方（後続タスクでどう活用するか）をハッキリさせます。Webサイトのユーザビリティ評価であれば、「求めるコンバージョンが得られそうか、得られそうでなければ何を改善すれば良いかが分かること」というような設定をすると良いでしょう。

DM経由でサービスを利用開始できるか評価する。

サービス未認知（未登録）のターゲットユーザーが、登録勧誘DM経由でオンデマンド配信サービス利用ができるか評価する。

利用を妨げる問題と要因を明らかにする。

評価結果の例

①-2　評価用簡易ペルソナ

ユーザーの要求を理解し、満たすためにペルソナを作成します。ペルソナとはWebサイトの設計やデザインなどに用いるターゲットのユーザー像です。

ユーザビリティは「使う人、状況、タスク」が必要と説明しましたが、ペルソナはこのうちの「使う人」を見える化したユーザー像になります。

山本 久子(55歳/女性/主婦)
「分からなければ聞けばいい」
趣味：テニス、ドラマ視聴

- **加入歴**：半年　**・契約者**：夫　**・加入起案者**：本人
- **環境**：リビングのソファ。約50インチの液晶テレビ。TV内蔵のHDDに録画。
- **利用方法**：気に入っているドラマは自宅で見られるときはそのまま視聴、外出などで見られない回は諦めて飛ばす。
- **課題(困っていること/悩み)**：見られない回のドラマを録画したいが録画の方法が分からなくてできない。
- **インターネット利用リテラシー**：検索や閲覧はできるが、インタラクションや選択が多い構造のページだと難しそうだと感じてしまう。

評価用簡易ペルソナの例

ペルソナは、どのようにWebサイトの設計をするか、考えたり決めたりするためのユーザー像なので、単なるプロフィールではなく、解決すべき課題や満たすべき要求が分かるように作ります。また、課題や要求をWebサイトの設計で解決しますので、どのような解決法が良さそうか考えたり決めたりするために、人間関係や環境についても分かるように作ります。

他人が使うモノの設計やデザインをするたいていの人は、多かれ少なかれ頭の中でユーザー像を思い浮かべながら設計やデザインをしていると思います。

あなたが初めてペルソナを作る際には、次の例を参考にあなたの頭の中のユーザー像を見える化してみてください。

その製品を利用する人物の特徴・特性

特定する項目例

ユーザの特性	知識の程度／経験の度合い／技能の程度／身体的特性／習慣／好み
ユーザの仕事	作業の手順／役割・責任／利用の目標／利用頻度／持続利用時間
環境要因	ハード・ソフトウェア／関連する資料／物理的環境／周囲の人間との関係

ペルソナを定義するときの項目例

ユーザビリティテストを行う際には、こうして作ったペルソナに近い人を呼んできて実施することになります。

こうして呼んできた人を、テストに協力する人という意味から「被験者」と呼びます。

MEMO

◆ **被験者はどうやって呼んでくる?**

被験者評価を行うには、Web サイトを使ってもらうユーザーの役が必要です。調査会社に登録しているモニターを呼んでくる（リクルーティングしてくる）こともありますが、知り合いなどの身近な人の中からリクルーティングすることもあります。

実際、予算や期間の問題で社内からリクルーティングすることもよくあります。社内の限られた人員から（ときには条件を妥協しながら）リクルーティングしたユーザーであっても、妥協した点（ペルソナとの違い）を念頭に実施すれば結構な課題が発見できます。

①－3 日程・場所・担当・予算・被験者の決定

ここで決めることは他の多くの業務と共通するものだと思います。いつ、どこで、誰が、いくらで行うかを決めます。

他の業務と大きく異なるのは被験者評価を行う際に被験者を呼んでくる場合です。被験者を呼ぶ場合には、実査（評価を実施すること）の2週間くらい前には探し始めた方が安全です。どのような人を被験者として呼ぶか、条件をどのように設定するのかといった作業はそれまでに終わらせなくてはなりません。

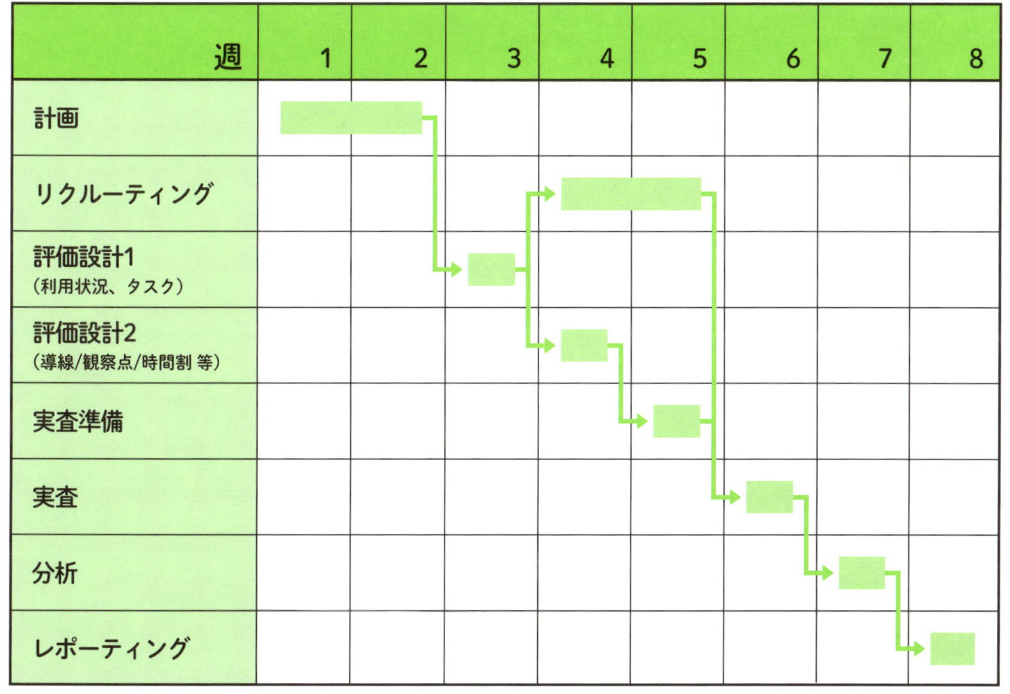

被験者評価の場合のスケジュール例

MEMO

◆ 本当に8週間も必要?

受託業務として実施しひとつひとつのプロセスで承認を取りながら進めるウォーターフォール型の進行であれば、上記の例のように8週間程度を見越しておくと安心です。

とはいえ、評価のために8週間もの間プロジェクトの他の業務の進行を止められるケースは少ないため、他のタスクと並行で進められるようにやり繰りしながら実施します。計画や設計を先行で進めるのはもちろんのこと、評価対象とするタスクや評価対象ペルソナの数を減らしたり（ターゲットユーザーが2種類以上あっても最も重要なペルソナについてのみ行ったり）、計画の中で設計も並行で進めたりします。

プロジェクトの期間に対する影響は実際のところ1〜3週間程度が多いです。中には1週間未満の影響に抑えたり、極端な例になると影響0日まで抑えたりしたケースもあります。

但し、スケジュールへの影響を極端に抑えられたケースは、評価設計部分をお任せいただき承認不要にしたり、クライアントに実査・分析に参加してもらったりすることになるので、クライアントからの信頼やクライアントの相応の協力があるという前提が必要です。

◇②評価設計

ユーザビリティ評価では、実際にユーザーがWebサイトを利用する際の問題が、なるべくそのまま評価という実験の場面で出現するような状況を作り出す必要があります。これを『評価設計』と呼びます。

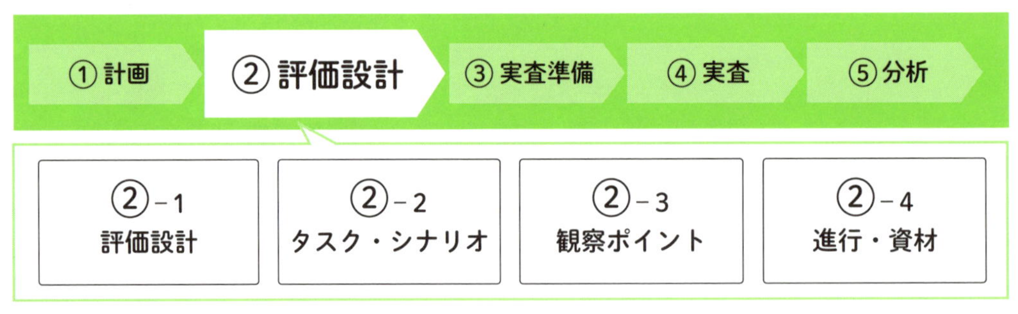

評価設計の進行手順

②-1 評価範囲

どの導線を対象に評価するかは、評価の目標をもとに定めることができます。

評価目標

- サービス未認知（未登録）のターゲットユーザーが、登録勧誘DM経由で「オンデマンド配信サービス」利用ができるか評価する。
- 利用を妨げる問題と要因を明らかにする。

評価導線

DM→某有料TVチャンネルのオンデマンド配信サイトTOP→（…中略…）→コンテンツ視聴ページ

評価範囲

Webサイトの設計をする際にはコンバージョンと導線を考えます。まずは、TOPページから評価したいコンバージョンまでの導線を洗い出すと分かりやすいでしょう。但し、実際の導線（ユーザーが自分で選ぶ画面）は一通りではないため、あらかじめ評価する範囲を決めておきます。

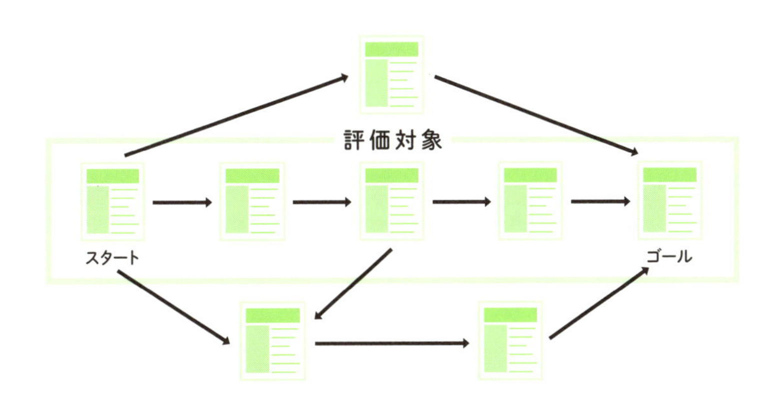

MEMO

◆ 決めた範囲外の画面に行ってしまったらどうするもの？

実査中に被験者が評価範囲外の画面に移ることがあります。このような場合はモデレーター（実査を進行する係）が被験者に声をかけ、評価範囲内に戻ってもらいます。
たとえば、ユーザー登録の手続きをしている最中に会社概要ページをじっくりと見始めてしまった場合には、「いったん止めてください。今はどのような情報を探してこのページを見ていますか？」などと聞きます。被験者の答えが「この会社が安心できるか知りたくて」だとしたら、モデレーターは「あなたはこのページで会社に安心できる情報を見ることができ、先ほどのページに戻ることができました」などと促し、評価対象範囲に戻します。
なぜ安心をしたかったのか、どのような情報であれば安心するのか、といったことも大切ですので、実査の後に実施する事後インタビューで被験者に聞くと良いでしょう。

②－2　タスク・シナリオ

評価のために、タスクとシナリオを用意します。

タスクは、評価範囲の導線上の問題が発見できるように設定します。シナリオは、被験者がタスクを行うにあたって必要な前提を与えられるように設定します。

ペルソナ

山本 久子（55歳／女性／主婦）
「分からなければ聞けばいい」
趣味：テニス、ドラマ視聴

- **加入歴**：半年　**・契約者**：夫　**・加入起案者**：本人
- **環境**：リビングのソファ。約50インチの液晶テレビ。録画はTV内蔵のHDDに録画。
- **利用方法**：気に入りのドラマの放映時間は自宅で見れるときはそのまま視聴、外出などで見れない回は諦めて飛ばす。
- **課題（困っていること／悩み）**：見れない回のドラマを録画したいが録画の方法が難しくてできない。
- **インターネット利用リテラシー**：検索や閲覧はできるが、インタラクションや選択が多い構造のページだと“難しそう”感 を感じてしまう。

シナリオ

某有料TVチャンネルに加入して半年が経ち、全仏オープンが近づいてきた。この後はウィンブルドン、全米オープンと9月中旬まで4大大会が続く。1月に全豪オープンを観るために加入してからドラマは見たものの、ずっとお金を払ってる価値あったっけ?見逃しがあったりしたし。と、気になり始めていたところに某有料TVチャンネルから「オンデマンド配信サービス」という新しいサービスのDMが届いた。10月以降も加入を続けるかちょっと迷っていたところに、表紙の「ドラマの見逃し解消」が見え、良さそうに思えたのでDMを見てみた。

タスク

（1）：DMを見て、「オンデマンド配信サービス」がどんなサービスか分かったら教えてください。
（2）：パソコンから某有料TVチャンネルのオンデマンド配信サイトでドラマ『24 -TWENTY FOUR-シーズンIV』の見逃した第23話を見られるようにしてください。DMを見ながらで結構です。

評価用タスク・シナリオの例

評価の目標が前述した例のように「サービス未認知（未登録）のターゲットユーザーが、登録勧誘DM経由でオンデマンド配信サービス利用ができるか評価する」ということであれば、「オンデマンドサービス利用を開始する」にあたってどのような問題があるかを評価できるタスクを設定します。タスクは完了状態がハッキリと分かるように書くことで、完遂できたかできなかったがハッキリします。

上の評価用ペルソナ・シナリオの例では、タスクを2つに分けていますが、これはコンバージョンのために、（1）DMからサービスを理解する、（2）DMとWebサイトを見て、利用するための手続きを実行する、という2段階が必要になるため、タスクを分解しました。分解することにより「DMからサービス内容を理解できるか」と「その後の手続きができるか」をそれぞれ評価できるようになります。

シナリオは、被験者がなぜそのタスクをしなくてはならないかが分かるように設定します。この「なぜ」により、ユーザーが探す情報が違ったり、ユーザーが受け容れられる我慢の度合いが違ってきたりしますので、ユーザーの実際の状況に近づくよう、自然なシナリオを書くよう心がけてください。この作業は評価の目標とタスクが決まっていれば難しくないはずです。

MEMO

◆ 評価用ペルソナ・シナリオの簡単な作り方

ペルソナ・シナリオを作成するのに十分なユーザー情報がなかったり、ユーザーに関する調査を新たに行うには十分な期間や予算がなかったりすることが多いので、評価用ペルソナ・シナリオを手早く簡単に作る必要があります。

評価用ペルソナ・シナリオを簡単に作るには、可能であれば評価する対象の Web サイトの設計者と管理者にヒアリングして作ることをおすすめします。設計者は Web サイトのさまざまなステークホルダーのさまざまな要求をもとに設計をしていますので、どんな人が、どんな状況で、どのように使うものか、などを把握しています。設計者にヒアリングしてペルソナ・シナリオを作成した後、管理者に見てもらい修正すると、評価用ペルソナ・シナリオ作成を手早く行うことができます。

最後にもうひとつシナリオを書きましょう。「操作のシナリオ」（4 章参照）と呼ばれるものがあります。操作のシナリオとは、ユーザーがタスクを完遂するために行う必要がある具体的な操作の羅列です。TOP ページのグローバルナビ内の「ドラマ」ボタンをクリック、ドラマ TOP ページのローカルナビ内の「配信済コンテンツ」ボタンをクリック、といったかたちで具体的に書きます。

操作のシナリオがあれば、被験者が Web サイトを使ってみたときに、どこが操作のシナリオ通りに使えないかが分かり、問題発見の糸口にすることができます。

画面		操作
「オンデマンド配信サービス」 トップ （top）	「オンデマンド配信サービス」 某有料TVチャンネル http://www.***.co.jp/***/	1. 登録方法はこちら クリック
登録方法（reg_00）	登録方法 「オンデマンド配信サービス」 某有料TVチャンネル http://www.***.co.jp/***/***/	1. 某有料TVチャンネルへご加入されている方　クリック 2. 某有料TVチャンネルオンラインIDをお持ちでない方のご登録はこちら クリック
オンラインID　利用規約の確認 （reg _01）	オンラインID 利用規約の確認 某有料TVチャンネル https://www.***.co.jp/***/****	1.「某有料TVチャンネルオンラインID利用規約」を読む、「個人情報の保護方針及び取扱規程」を読むをチェック 2. 同意する　クリック
登録情報の入力 （reg_02）	登録情報の入力 某有料TVチャンネル https://www.***.co.jp/***/****/***	1. オンラインID［必須］　入力 2. パスワード［必須］　入力 3. メールアドレス［必須］　入力 4. 性別［必須］　入力 5. 生年月日［必須］　入力 6. ニックネーム［必須］　入力 7. アンケートモニター登録　入力

操作のシナリオの例

②-3 観察ポイント

評価の際にどこを特に見るべきかあらかじめ決めておきます。操作のシナリオまで書いていれば、評価導線上にいくつかの問題の仮説は出ていると思います。たとえば「[同意する]ボタンに気づくか」といったことから、「某有料TVチャンネルオンラインIDの意味が分かるか」といった目に見えないことまで書き出します。

②-4 進行・資材

実査当日の具体的な進行を設計し、必要な資材・機材や人員を決めます。

まずは進行を設計しましょう。実査に使える時間は限られています。被験者の集中力を保てるように、1回あたり1時間〜1時間半としてタイムテーブルを作成してください。

実査	05分	イントロ：あいさつ、撮影許可、NDA（機密保持契約）
	05分	事前インタビュー
	10分	被験者への説明：何を評価するか、思考発話（後述）について
	10分	環境設定（パソコン）
	45分	タスク実行（DM確認10分、理解確認&補足5分、登録タスク30分）
	10分	事後インタビュー
	05分	お礼、お見送り
被験者入れ替え	30分	片付け&環境初期化&セッティング

タイムテーブルの例

次に資材です。進行設計を見ながら必要な資材を洗い出しましょう。基本的な資材は以下の通りです。

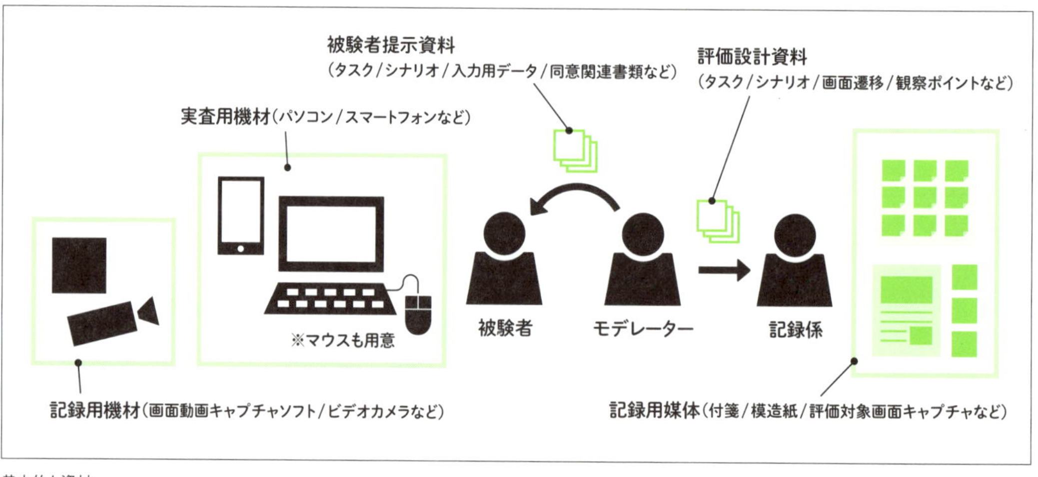

基本的な資材

基本的な資材をベースに、評価設計と当日の進行に応じて資材を調整します。以下の例ではアイトラッキング（人間の視線を追跡して記録する装置を使い、ユーザーが向けた視線を可視化すること）を並行実施するためにパソコンの処理が重くなり、画面動画キャプチャーソフトの動作が不安定になる恐れがあったので、念のためビデオカメラでの操作画面撮影も行っています。

ファシリティ	会場	会議室
	パソコン	社内機材
	ボイスレコーダー×1、デジカメ×2	社内機材
	ビデオカメラ×1	画面キャプチャソフト不具合に備えて
ドキュメント	テスト設計書	シナリオ+タスク+画面遷移+観察ポイント
	当日の進行表	タイムテーブル
	モデレーター用トークスクリプト	
	入れ替え用ドキュメント	パソコン・ブラウザーイニシャライズ手順シート
	被験者に提示する実査用資料	シナリオ+タスク+入力用ダミーデータ
	同意関連資料	NDA（機密保持契約書）、個人情報に関する同意書
記録媒体	模造紙+付箋	記録係は付箋に書いた観察メモを壁に直貼り
その他資材	実施中にドア外に貼る注意書き	
	ビル入口から受付まで誘導する案内板	

資材の例

◇③実査準備

実査のために進行・資材で決めたものを実際に手配したり作成したりします。準備の中で特に意識して行って欲しいのがプレテストです。

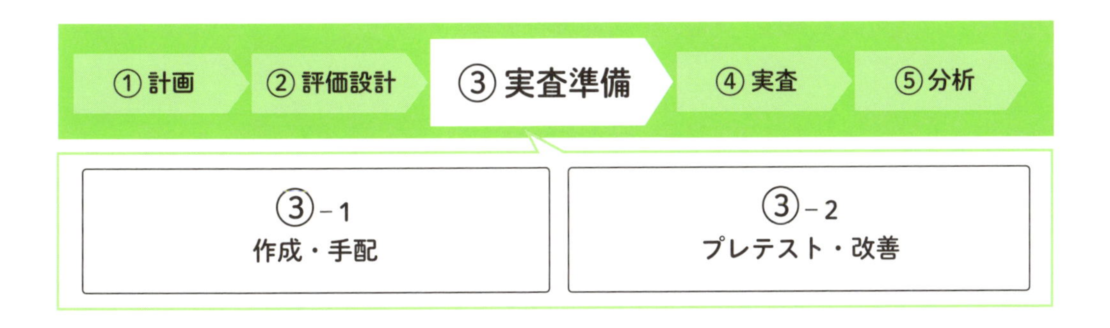

③－1　作成・手配

進行・資材で必要な場所やモノが特定できたと思います。実査に向けてそれぞれを手配・作成します。会社の備品でたいていのものが賄えると思います。ビデオカメラやボイスレコーダーはスマートフォンアプリでも代用が可能です。

③－2　プレテスト・改善

プレテストとは、ユーザビリティ評価の設計が評価の目的目標に対して妥当かを事前に試してみることです。プレテストでは、社内の同僚など協力を依頼しやすい人（但し、実施するユーザビリティ評価の内容や対象サイトについて知らない人）に被験者役をやってもらいます。

プレテストをしてみると時間配分が不適切だったり、シナリオを理解してもらうために追加で資材が必要だったりする問題を実査の前に発見し、解消することができます。

被験者を呼んでくるにはどうしても期間がかかりますし、何度もやり直せるスケジュールではないことも多いと思いますので、プレテストは必ず実施してください。

◇④実査

実査では以下の７つのことを行います。

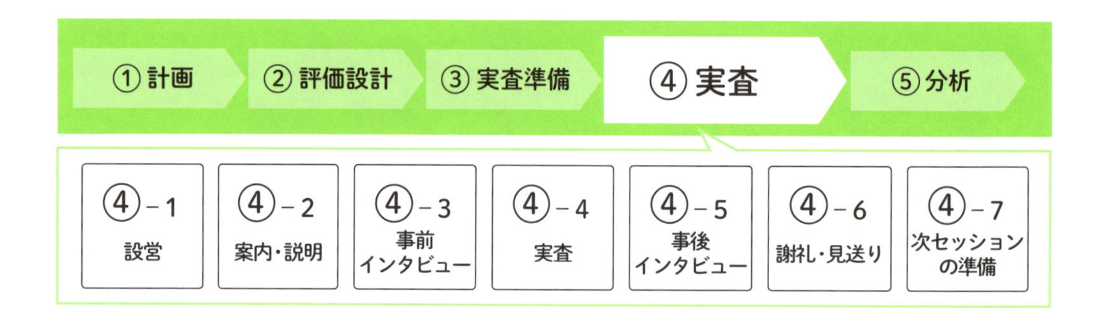

④－1　設営

実査ができる物理的な環境を作ります。

環境作りのコツは、被験者がパソコンやスマートフォンなどの利用に集中できるようにすることです。人が自分を見ているのが見えたり、誰かが途中で入ってきたりしたら落ち着かないのでパーティションなども使いながら配置を工夫します。

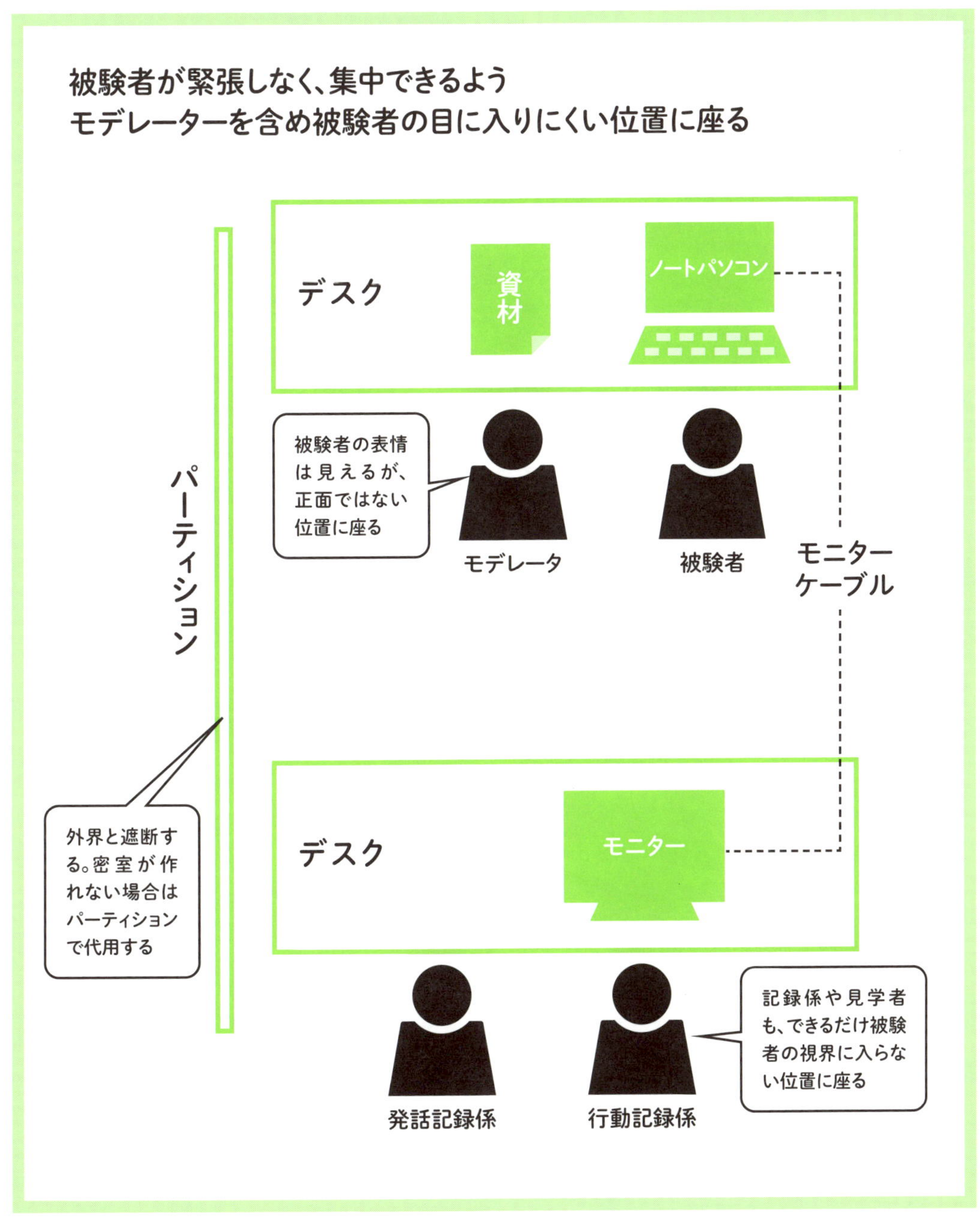

設営・配置のコツ

④－2　案内・説明

▶ 被験者を実査会場まで案内し、実施内容の概略を説明します。
▶ この調査の目的（ある Web サイトの問題を発見すること）
▶ やってもらうこと（該当の Web サイトの利用・操作など）
▶ 取り組み姿勢（あなたの能力評価ではなく、Web サイトに潜む問題を評価するのでうまくやろうと頑張らない・普段通りの気持ちで利用すること）

を伝えます。

④－3　事前インタビュー

実査の前にインタビューを行います。被験者とペルソナの違いを把握し、実査で観察する際に考慮します。

また、被験者は緊張しているものです。そのため普段通りにWebサイトを使えず、普段なら出てくる問題が出なくなることもあります。事前インタビューでは笑顔でうなずいたりあいづちを繰り返したりしながら、被験者に安心してもらえる環境を作るようにしてください。そしてなによりも大切なのは被験者への敬意と好意を持ち、それらを積極的に表すことです。

「テスト」「被験者」といった言葉も緊張するので、「Webサイトを使ってみる」「ユーザー」などと言い換えることも大切です。

このように被験者に安心してもらえるような信頼関係を作ることを「ラポール形成」と呼びます。

④－4　実査

被験者にタスクを伝え実行してもらい、観察します。

④－4－1　タスクを伝える

タスクを始めるにあたっては、まずシナリオを伝えてください。シナリオは、Webサイト利用の背景（いつ、どこで、何のために）を被験者に理解してもらうためのものです。背景によってユーザーの行動は変わるので、得られる結果（＝課題）にも変化が出ます。

このとき注意しなくてはならないのが、Webサイトの使い方を予想するようなヒントを与えないようにすることです。たとえば、ECサイトのユーザビリティ評価をする場合、購入に必要な住所やクレジットカード番号などの情報はタスク用に架空のものを渡すべきですが、事前に教えるとユーザーは「住所やクレジットカード番号をどこかで入力するのね」と予想してしまいます。

こういったヒントになり得る情報は、ユーザーに聞かれてから提示するようにしてください。ユーザーの実際の利用状況でも、クレジットカード番号が必要になって初めて思い浮かべるものだからです。

また、タスクを伝えるときは、ユーザーが実際の利用状況で頭に浮かべそうな情報や言葉遣いに合わせて伝えます。

ここで気をつけたいのは、情報はその伝え方によって使い方のヒントになってしまうことがある点です。たとえば「このECサイトで（写真を見せながら）このいろんな色がセットになった付箋を○個買ってください」というようなタスクを伝えるとき、具体的な製品名を被験者に伝えてしまわないように注意します。というのも被験者は教えられた製品名を使って探し始め、実際にはうまく見つけられないかもしれないのに見つけやすくなってしまうからです。

また、Webサイト利用中に考えていることや思ったこと、感じたことを、できるだけ全て口に出すよう被験者に依頼します。この手法は思考発話法と呼ばれます。

MEMO

思考発話法

ユーザーに「考えていることや感じたことを全て口に出しながらWebサイトを使ってください」と依頼します。これにより想定外の使われ方をしているときにそれがなぜ起きるのかが分かるようになります（使い終わってから聞いても人間はその一瞬のことを明確に覚えていないことも多いものです）。

ユーザーによっては、Webサイトを使う前に、この思考発話法を一度練習してもらうと良いでしょう。たとえば、ボイスレコーダーを渡して「録音してください。録音が開始できたら『できた』と言ってください」といった練習をします。するとすぐに「えーと録音だからRecとかどこかに書いてあるのかな？ あっ、赤いボタンがある、これかな？」というように話し始めてくれるなら、そのまま練習を続けます。すぐに黙々とボイスレコーダーを触り始めてしまうなら、「今どこを見てますか？」や「今何を考えていますか？」というように、あなたが適宜発話を促します。途中で発話が止まった場合も同じように発話を促します。

④－4－2 Webサイト利用の様子を観察する

観察においては被験者のWebサイト利用方法と操作のシナリオとのギャップに注意してください。

特に、被験者の行動（Webサイトの操作や被験者自身の挙動など）と、被験者の発話（考えていること、思ったこと、感じたことを口に出しもらう）をよく見るようにしてください。

この後の分析のパートで説明しますが、行動と発話はそれぞれ分けて記録しておきます。というのも、発話は被験者が自分の行動に理屈をつけ解釈をしている可能性がありますが、行動はそういう解釈が混入しにくいものです。ですから、「行動＝事実」、「発話＝背景」として扱い、まず「行動＝事実」を重視、その解釈のために「発話＝背景」を参考にするものと考えてください。

Webサイト利用を観察している最中に、被験者がなぜそのような行動をしたのか分からないことがあります。思考発話からも読み取れないような場合には、なぜその行動をしたのか、被験者に聞いてください。このときクローズドクエスチョンの「○○だからですか？」ではなく、オープンクエスチョンの「なぜですか？」で聞くようにします。

MEMO

◆タスク実行中に聞くのを我慢した方が良い場合と我慢しない方が良い場合

原則として、タスク実行中は聞くのを我慢し、ひと通りタスクを終えた後に事後インタビューをすると良いです。なぜその行動をしたのか、そのページを見せながら聞くとたいていは理由を思い出して教えてくれます。実施の状況を録画してそれを後で再生しながら聞いていくとユーザーが思い出しやすいのでおすすめです。タスク実行中にこれを聞くと、そのことによりユーザーがタスク実行に集中できなくなることがあります。

その場でないと忘れてしまいそうなことであれば、聞くのを我慢せずタスク実行中に聞くようにしましょう。被験者が無意識にとっている行動については、後で聞いても忘れてしまっている可能性が高くなります。

ここからは記録について説明します。

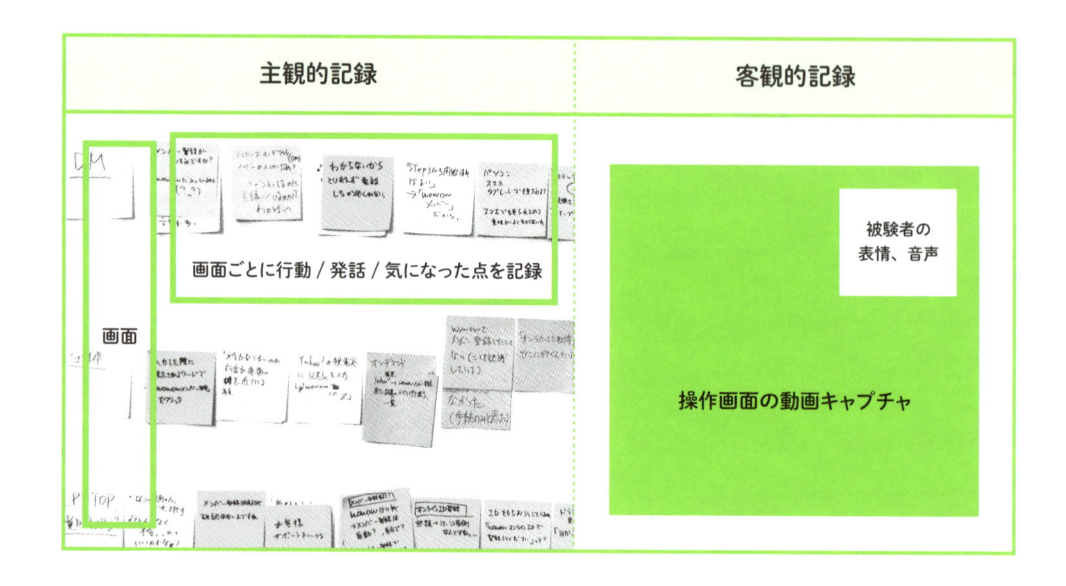

観察した結果は記録するようにしてください。この記録には「主観的記録」と「客観的記録」2つの記録があります。

客観的記録とは、操作画面や操作の様子を動画で記録する記録方法です。操作画面をマウスの動き付きで動画キャプチャーし、併せて音声と被験者の動きや表情も記録します。

主観的記録とは、モデレーターと記録係が観察を通じて気になったことをメモする記録方法です。操作のシナリオとのギャップに注意し、問題がありそうな点を記録します。問題がありそうな点は、ユーザビリティの定義に沿って「できたか」「効率良くできたか」「不満はなかったか」という観点で見ると分かりやすくなります。

また記録は、行動か発話か、どの画面のどの部分に対して発生したものか、といったことが分かるように行います。これらを少人数で行うために私たちは上の図のような記録方法をよく採用しています。

④－5 事後インタビュー

Web サイト利用の様子を観察していると、気になることが次々と出てきて「なぜ」を聞きたくなります。被験者が同じところを行ったり来たりしていたりすれば何を探しているのか気になりますし、思いもよらないリンクを開けば何に困って何を求めたか気になります。こういったことを聞くのがタスク実行を終えた後に行う事後インタビューです。

事後インタビューでは観察中に気になったところをタスク実行後にまとめて聞きます。

MEMO

◆ **事後インタビューを行うタイミング**

事後インタビューはタスク実行後にまとめて聞きますが、1回の実査で連続する複数のタスクを実行する場合には、全てのタスクが終わってから聞くよりも、1タスク終わるごとに事後インタビューをすると良いこともあります。

たとえばECサイトの評価で、(1) 商品を見つけてカートに入れるまで (2) 会員登録が完了するまで (3) 購入が完了するまで、とタスクを分けることがあります。ここで被験者が会員登録をできず先に進めなくなった場合には、(2) が終わった時点でいったん事後インタビューをはさんでください。実際のユーザーの実際の利用状況では、(2) の会員登録が完了しない限り (3) の購入完了に至ることはできません。つまり､実際のユーザーが (3) の購入を行うときには (2) で生じた疑問を解決している状態となります。(3) の購入を行うときの問題を抽出するには、(2) の会員登録が完了した状態にしなくてはならないため、(2) の会員登録タスクの後に事後インタビューを行い、(2) の会員登録に対する被験者の疑問も併せて解消しておきます。

事後インタビューでは、気になることがあったページの該当箇所を被験者に見せながら聞いていきます。該当箇所を被験者に提示しながら聞くと、その時に考えていたことや感じていたことを思い出しやすくなります。操作画面をマウスの動き付きで動画キャプチャーしてあれば、それを被験者に提示することで被験者はそのときのことを更に詳細に思い出しやすくなります。

ユーザビリティ評価においては、被験者の行動の「なぜ」がWebサイトの問題の要因を特定するために重要なデータになりますので、事後インタビューの時間は必ず確保します。事後インタビューの時間はタスク実行時間の1／4程度を見越しておけば、たいていの場合重要な質問に関しては聞ききることができます。たとえば60分のタスクであれば15分程度を見越しておくと良いでしょう。

MEMO

◆ **事後インタビューでは記録係からも質問する**

実査中は原則としてモデレーターのみが被験者と話しますが、事後インタビューでは記録係からも質問をしてもらってください。観察する人が違えば、気になるところにも多少の違いが出ます。記録係から質問することで、モデレーターが気づいていなかった問題を発見できることがあります。

④－6　謝礼・見送り・次セッションの準備

- 被験者に謝礼を手渡しお見送りしたら次セッションの準備をします。
- 謝礼は、領収証を用意しておき被験者に署名をしてもらいます。
- お見送りは、感謝を込めて丁寧に行います。

次セッションの準備は、機材や資材を元通りに配置し直し、すぐに次セッションが行える状態にします。次セッションの準備で気を付けなくてはならないのが、ブラウザの履歴削除です。ページ閲覧履歴、キャッシュ、Cookieなどをそのままにしておくと、次セッションを行った時にさまざまな問題が起こり得てしまいます。たとえば、クリックすべきテキストリンクの色が訪問済の色になっていてヒントになってしまったり、入力フォームへの入力時に前回の入力内容がサジェスト表示されて余計な混乱を招いたりしてしまいます。

◇⑤分析

分析では以下の3つを行います。

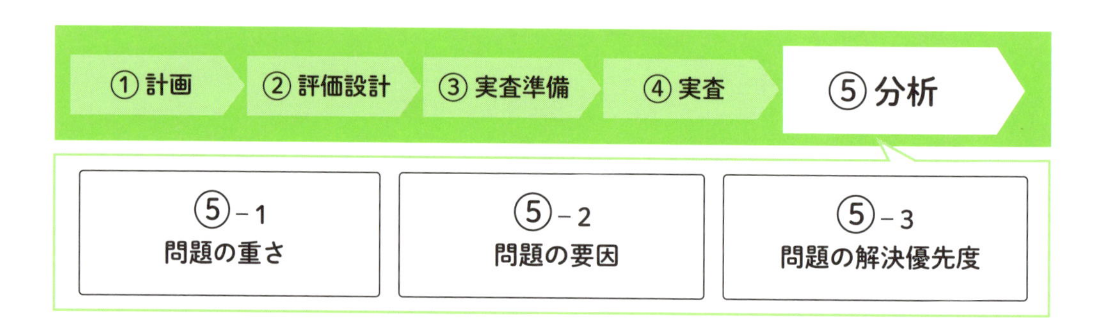

複数名で画面ごとに行動や発話、気になった点を振り返り、⑤-1～⑤-3の観点から分析すると良いでしょう。

⑤-1　問題の重さ

発見した問題をその重さで分類することで、対応優先度を決める際の手がかりとします。重みの分類は、「有効さ、効率、満足度」に分類します。あくまでもあなたの主観でなく、ユーザー像であるペルソナにとっての重みで考えてください。

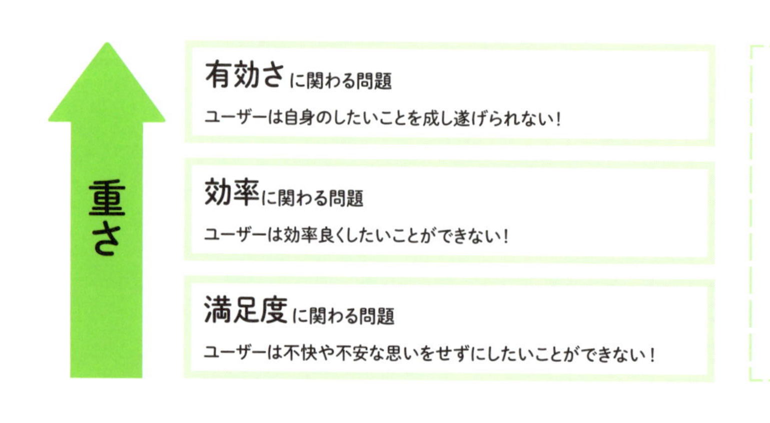

「有効さ」「効率」はとくに離脱防止や成約（商品探索、購入手続き）に関わる問題、一方「満足度」はとくに他者への推奨意向「口コミ、いいね！」や（再）利用意向「また使いたい、使ってみよう」などに関わる問題とも言える。

通常は時間とお金が有限ですので、発見された問題に対して対応すべき優先順を決めることが求められます。

⑤－2　問題の要因

問題の要因を分析することで、何が取り除くべき要因か、どのように取り除けるかを考えることができます。

多くのWebデザイナーやディレクターは自身の知見で問題の要因を分析できますが、要因分析もやり方を決めると、数多く出る問題に対し一定の観点で分析ができるため、分析が効率的に行えたり、より多くの問題に気づけたりプロジェクトチームに伝えやすかったりします。よく用いるのはドナルド・ノーマンが提唱した「良いデザインの4原則」です。

1　可視性
見ただけで何をしたら良いのか、何が起きるのかが分かること

2　良い概念モデル
ユーザーの想像するシステムのイメージと実際が一致すること。
どのような仕組みで動いていてどんな操作をすべきかが分かりやすいこと

3　良い対応付け
操作対象とその結果の対応があらかじめ分かること

4　フィードバック
操作後に意図した結果が得られたか分かること

「良いデザインの4原則」はドナルド・ノーマンの著書『誰のためのデザイン?』（新曜社［増補改訂版］2015年）で詳しく書いてあります。参考になる本ですので興味がある方はぜひ読んでみてください。（2-5末尾のMEMOに詳細があります）

⑤－3　問題の解決優先度

ユーザビリティ評価をしてみると、大小さまざまな問題を見つけることができると思います。見つけた問題はその全てを改善するに越したことはないのですが、プロジェクトの予算・期間やシステム上の制約などにより全てを改善することが難しいことも多々あります。そこで、どの問題を優先的に解決するか、個々の問題をどうやって解決するかを決めます。

どうやって解決するかを決めるには問題の要因がなにかを明らかにする必要があります。また、どの問題を優先的に解決するかは、下図のように問題の大きさと解決難易度の二面から分析してみると分かりやすくなります。

	問題の大きさ	易	中	難
有効さの問題	大	高	高	中
効率の問題	中	高	中	低
満足度の問題	小	中	低	低

← 解決難易度

← 解決優先度

↑
問題の大きさ

問題が大きく、解決が易しい問題の解決優先度を高くします。

MEMO

◆何人やれば良いか

ユーザビリティ評価の実施を検討していると「何人やれば十分か」「何回やれば十分か」と聞かれることがよくあります。

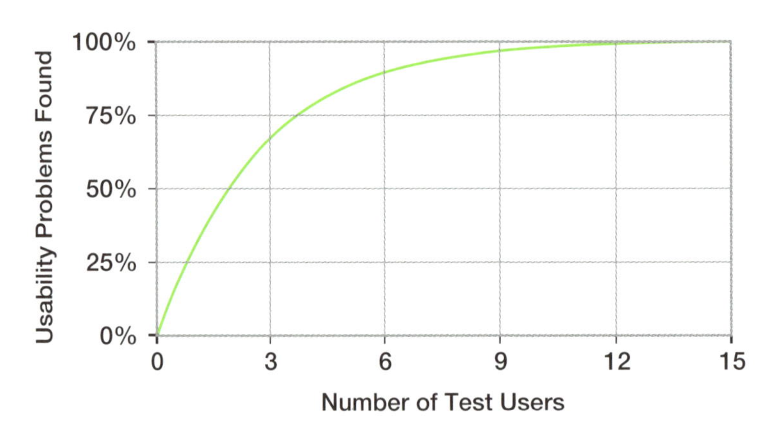

ユーザビリティ評価実施人数と発見できる問題の数の相関（「Why You Only Need to Test with 5 Users」by JAKOB NIELSEN）。実施人数を重ねるごとに発見できる問題の数が減少していく。

但し、私たち執筆陣の経験則から同じやるなら５人の被験者で３セットやるよりも３人の被験者で５セットやった方が設計の精度は上がると考えています。後に出てくるプロトタイピングの場合などでは、評価結果をもとに設計を改善したものをまたテストすれば目に見えて結果が良くなっていくので、１回当たりの人数よりは回数を多くした方がうまくいきます。

私たち執筆陣は１回につき３人は行うようにしていることが多いです。１人だけではその問題が他の人でも出るようなものなのか判断がつかないこともありますし、２人だけだとその２人でまったく逆の結果が出たときにどう捉えるか迷いがちです。３人行えば多くの人に出そうな問題と出なさそうな問題を判別しやすいです。

◇まずやってみましょう

ユーザビリティ評価が必要かどうか分かるようになるには、それを行うことでどのような問題を発見できるか知っておいた方が良いでしょう。そのためにも、今あなたが抱えているプロジェクトで実際にユーザビリティ評価をやってみることをおすすめします。

誰かからの依頼でない場合、自分ができる範囲で自分の思うようにやってみることができ、失敗を恐れず行うことができます。

MEMO

◆ユーザビリティテストの向こうにユーザーの要求が見える

ユーザビリティテストは本来モノの品質評価であり、ユーザーを理解する取り組みではありませんが、思考発話法で行っているとユーザーニーズが見えてくるものです。事後インタビューで何を求めて、何をどう捉えたのか、といったことを聞けばユーザーについての理解が深まります。

但し機能要求などの表面的な個々の要望になったり、ユーザーの利用文脈の理解としては断片的なものになったりことも多いです。それらを聞くことに意味がないわけではありませんが、ユーザー自身を理解し彼らの本質的な欲求を探りたいのなら、そのためのユーザー調査を設計して実施することをおすすめします（5章）。

2-5 ユーザーを呼んでこない「専門家評価」

ユーザビリティ評価を行うとき、いつも被験者を呼んでくる必要があるかというと、そんなことはありません。ユーザーを呼ばずにできる評価方法「専門家評価」について説明します。

ユーザビリティを評価するにも、被験者評価と専門家評価という2つの方法が選べます。

		コスト（予算・期間）	評価するモノに必要な具体性	分かること		
				タスクを完遂できるか	効率良く完遂できるか	不満なく完遂できるか
専門家評価	ヒューリスティック評価	低	高	△	△	×
	認知的ウォークスルー	中	低～高	○	○	×
被験者評価	ユーザビリティテスト	高	中～高	◎	○	○

ユーザビリティ評価手法の比較

どの手法で行うかは、評価目的とコストを前提に検討します。

「使う人、状況、タスク」が設定できていれば、使う人（ターゲットユーザー）にあなたがなりきりWebサイトを使ってみて、ターゲットユーザーに起きそうな問題を発見することができます。このように設計や評価のプロが評価する方法を専門家評価と呼び、その中でもユーザーになりきって評価する方法を認知的ウォークスルーと呼びます。

認知的ウォークスルー

◇ ユーザーを呼んできた方が良い場合

評価する人と実際のユーザーのスキルや知識や文化が大きく異なり、想定するユーザーになるのが難しい場合は、実際のユーザーに近い人を呼んできた方が良いでしょう。

たとえば、デバイスやインターネットを使い慣れない人がターゲットユーザーである場合、「URLという言葉を知らない」、「青字に下線がついていてもそれがリンクであると知らない」など、想定外の問題まで発見できます。Webサイトの設計や実装に関わっているプロがこういったユーザーになりきろうとしても限界があるでしょう。

ターゲットユーザーが、薬剤師や投資家のように専門知識を持つ人である場合や、子どもや外国人などの場合も同様です。

◇ 専門家評価の実施手順

専門家評価ではあなたのような設計の経験者がWebサイト利用の背景を頭にたたき込んだ上で、ペルソナになりきってタスクを実際にやってみます。

操作のシナリオ通りに使えなさそうなところ、使えるけれど迷いそうなところ、使えるし迷わないけれど不満を持たれそうなところをメモします。これらがユーザビリティ上の問題となります。

窓ガラスに貼って実施した例

また、やってみる際には、操作のシナリオに出てくるページをあらかじめ印刷して並べておき、そこに付箋などを使って発見した問題を貼っていくと楽です（特に複数人で結果を分析するとき）。さらに後で問題の要因を分析したら要因も問題の横に貼ると、問題箇所、問題、要因をまとめて見ることができます。

このようにしてユーザビリティ上の問題を発見していきます。

2-6 便利なユーザビリティ評価手法のいろいろ

ユーザビリティ評価の手法はここまで説明したユーザビリティテストと認知的ウォークスルーだけではありません。定量的に分析できる手法とカテゴリ設計の分類とラベルを評価できる手法について説明します。

◇定量的に分析できる評価手法

ユーザビリティを定量的に評価できる手法に、株式会社ユー・アイズ・ノーバス（現: ユー・アイズ・デザイン社）が開発した「NEM」という手法があります。NEMはNovice Expert ratio Methodの略で、初心者（初めて使うユーザー）と熟練者（設計者など対象サイトを知り尽くしている者）が同じタスクを行ったときの所要時間を比較することで問題を発見する手法です。

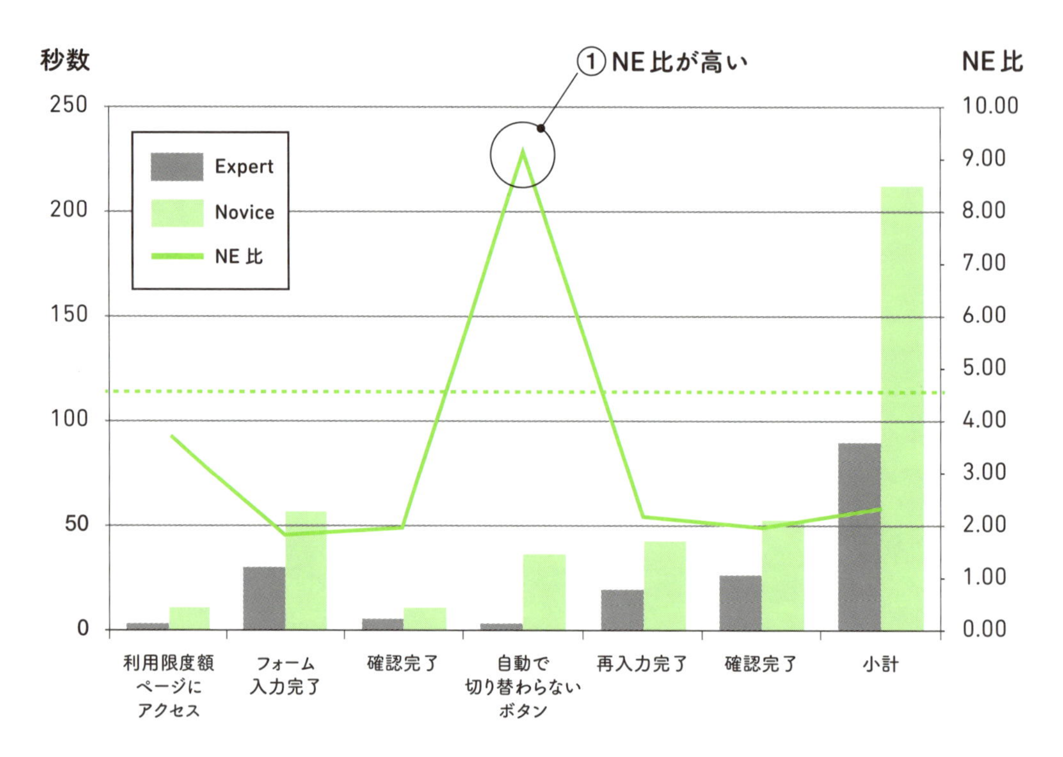

NEM アウトプットサンプル

タスクを行うときの操作手順をいくつかに区切ってステップとし、そのステップごとの所要時間を計測し、NE 比（N: 初心者所要時間 ÷ E: 熟練者所要時間）として表します。

たとえば、熟練者が 1 分でできるタスクを初心者が 5 分かかったならば NE 比は 5.0 となります。複数のタスクを NE 比で比較してどこに大きな問題がありそうかを探ったり、しきい値（NE 比 4.5 以上は要改善 など）を設定して改善点を特定したりすることができます。

注意が必要なのは、時間を計測するため思考発話法が使えない、という点と複数のユーザーの平均値で評価しようとすると一部の極端に早い、または遅いユーザーの結果に全体の結果が引きずられることです。実際に、ある金融会社のスマートフォン向けサイトを NEM で評価した際、異常にスピードの速い初心者がいて NE 比が 1.0 を切るという事態もありました。他のユーザーと比べて極端に早い、または遅いユーザーがいた場合には、そのユーザーの計測値を除外した平均値も出すようにしてください。

MEMO

ユーザビリティ評価は非常に定性的な評価手法ですが、結果を定量的に見たいときも多々あります。受託企業であればクライアントへの報告の際に結果を定量的に見せることを求められもしますし、個別の問題よりも全体的な仕上がりを総括的に見たいこともあります。そういうときに使えるのが NEM です。

◇カテゴリ設計の評価方法（カードソート）

カードソートとは、情報を分類する方法のひとつで、Web サイトの設計の評価に使われます。コンテンツ名を書いた複数のカードを、カテゴリ名が書かれたカードの近くに配置して、コンテンツをカテゴリごとに分類していきます。

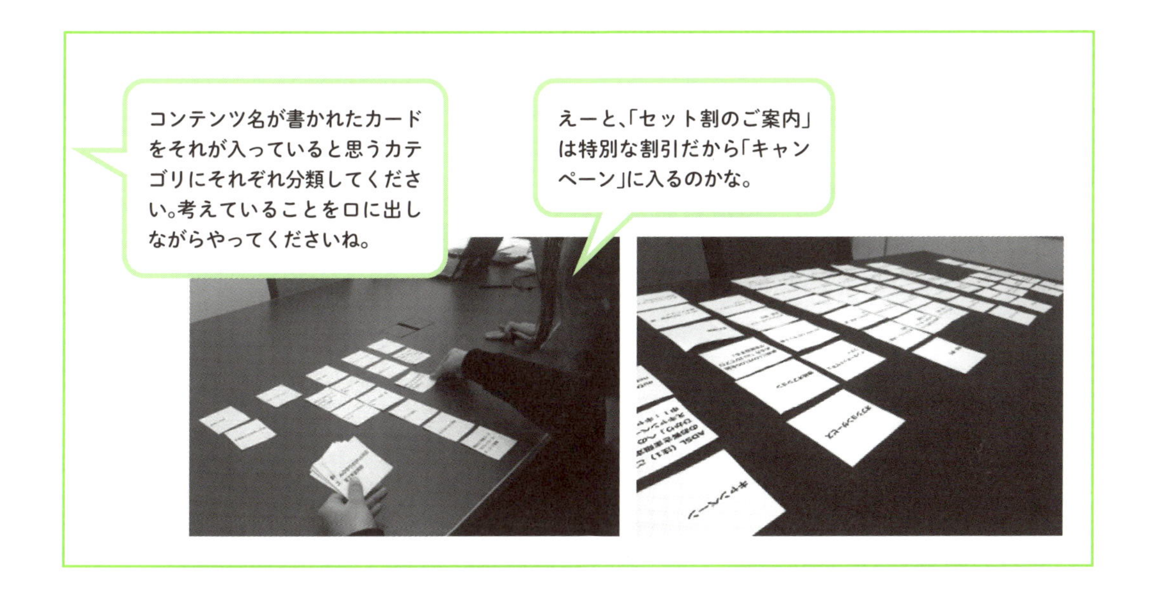

カードソートを行う人は、コンテンツがどのカテゴリにあると思うかを考え、分類していきます。コンテンツがどのカテゴリにあると思うかを考えることは、ユーザーが実際に Web サイトに訪れて、羅列されたカテゴリ名から目的のコンテンツが見つかりそうなカテゴリを推定することと同じことです。また、コンテンツをどのように分類するかは、情報設計に他なりません。つまり、カードソートを行うことで、ユーザーによるコンテンツの分類と情報設計に差異がないか、あればその要因は何かを分析し、情報（カテゴリ設計）を評価できます。

カードソートは以下の手順で行います。

1. コンテンツ名のカードをカテゴリごとに分類してもらう
2. 気になった点について事後インタビューする
3. 情報設計とユーザーの推定にどのような差異があるか（またはないか）、差異はどのような要因で生じたかを分析する

差異の要因を探るには、ユーザーが分類するときの「なぜ」を知らなくてはなりません。そのために、ユーザーにはカードソートの最中に考えていることを口に出しもらう（思考発話してもらう）必要があります。

また、カテゴリ分類全体に関わるような問題は、ひと通りの分類を終えてからでないと発見できないこともありますので、気になったことはカードソート中でなく事後インタビューで確認するようにしましょう。

ユーザーが情報設計通りに分類したとしても、その分類の意図が情報設計の意図と異なる可能性がありますので、事後インタビューだけでなくカードソート中の思考発話法を必ず行うようにしてくだ

さい。

◆ 実は調査にも使えるカードソート

カードソートは、いわば「情報設計のユーザビリティ評価」ですが、実はカードソートはモノに対しての評価だけでなくユーザーの思考モデルの調査に使うこともできます。調査としてのカードソートで主に知ることができるのは、ユーザーが情報をどのように分類して認識しているか、です。これはオープンカードソートという方法で行います。

クローズドカードソート

カテゴリを用意しコンテンツをユーザーに分類してもらう。設計した分類やラベルがユーザーに分かりやすいか、迷ったり間違えたりするところはどこか、なぜか、を評価する。

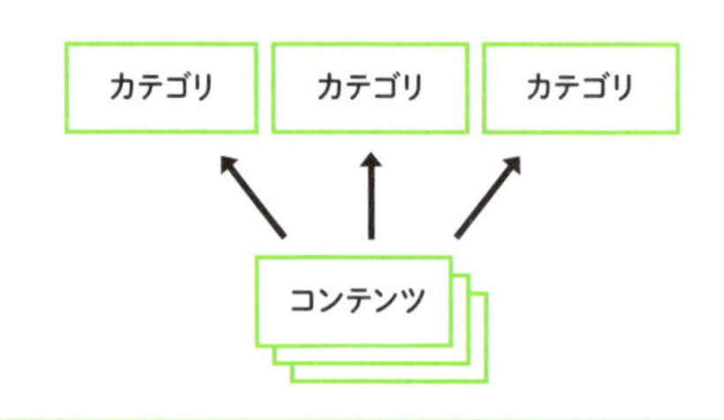

オープンカードソート

カテゴリを用意せず、ユーザーに分類しながらカテゴリ名をつけてもらう。ユーザーが対象のモノやサービスをどう分類して捉えているかを把握する。

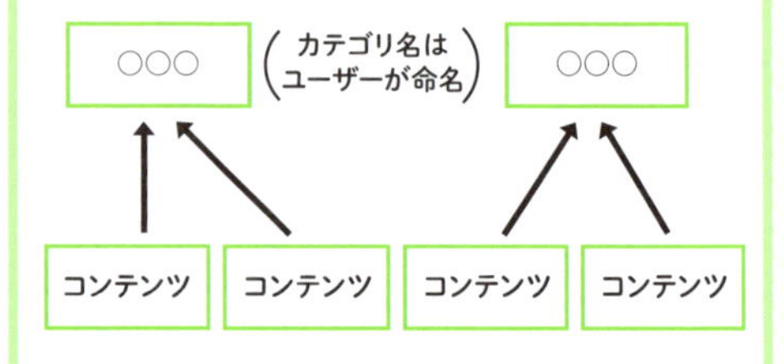

情報設計をしていて、情報分類の仕方やカテゴリ名に悩むことは多いと思いますが、そのようなときには何人かのユーザーに対してオープンカードソートを使った調査をしてみると、多くの気づきやヒントが得られるはずです。ぜひ試してください。

誰のためのデザイン？
増補・改訂版　認知科学者のデザイン原論

著者：D.A.ノーマン
翻訳：岡本明、安村通晃、伊賀聡一郎、野島久雄
出版社：新曜社（2015年）
ISBN：978-4788514348

仕事として実施するための機会の作り方

こっそり練習	一部業務でトライアル	クライアント巻き込み
★	★	★

「こっそり練習」を始めるには?

一般的にWeb制作の現場はコーディングやビジュアルデザインなど最終的なアウトプットに近いところでの業務が多く、コンセプト策定やそのための調査など上流の業務が少ない傾向にあると思います。そのため、アウトプットに近いユーザビリティ評価はWeb制作者にとって「こっそり練習」に取り組みやすいものとなっています。

実際に社内でUXデザインの教育を行ってみても、UXデザインプロセスの順を追って調査から教えるよりも、ユーザビリティ評価から教えた方がずっと理解しやすいようでした。まずは難しく考えず気軽に練習してみてください。すぐに勘どころをつかめると思います。

「一部業務でトライアル」をしてみるには?

ユーザビリティ評価はディレクターやデザイナーが日常的に行っている業務の代替手段として行うことができます。

クライアントからWebサイトの評価を依頼された際に、その目的と範囲を考えてみてください。クライアントからは「ヒューリスティック評価」を依頼されることが多いと思いますが、特定のコンバージョンについて評価すべき場合にはWebサイトを網羅的に評価するヒューリスティック評価よりも、タスクとゴールを設定するユーザビリティテストや認知的ウォークスルーの方が適しています。

認知的ウォークスルーであれば被験者を集める必要がない分だけ、社内での同意も取り付けやすいはずです。

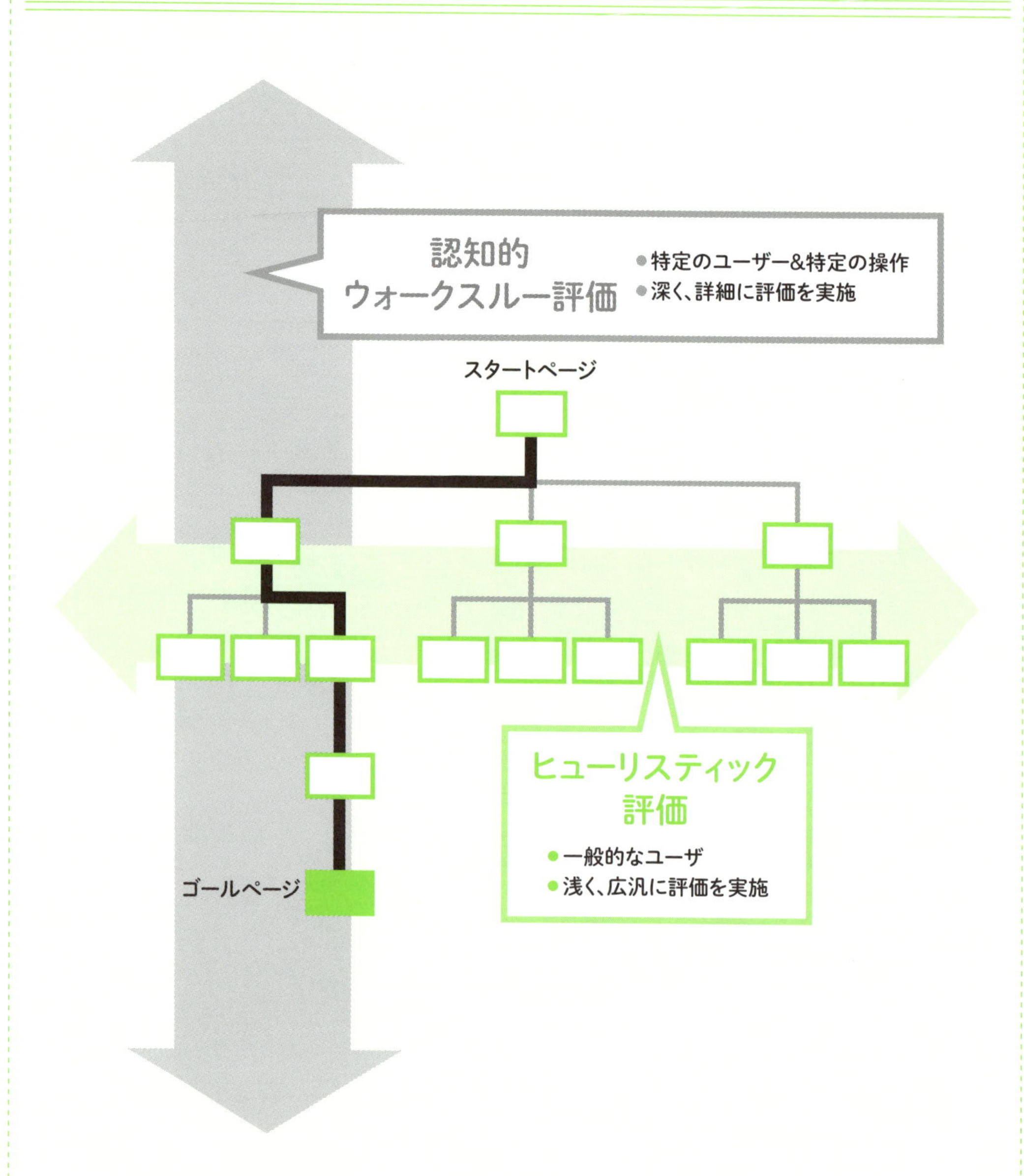

「クライアントを巻き込む」には？

ユーザビリティ評価を実施すると、実際のユーザーがWebサイトの使い方を分からず脂汗をかいていたり、Webサイトの一部に対して手厳しい言葉をつぶやいてくれますので、結果が分かりやすく、クライアントの関心が得やすく、実務での実践に進めやすいものです。

Webサイトの改善案を求められたら、クライアントを巻き込むチャンスです。社内から被験者を集めて、ユーザビリティテストを実施します。被験者が実際に困っているところの動画をクライアントに見せましょう。クライアントが被験者の評価に関心を示したら、「提案用に仮実施したものですが、多くの問題が発見できそうだから本実施させてください」と提案してみてください。

ユーザビリティ評価の事例紹介

ユーザビリティ評価をするにも、実務の現場ではプロジェクトに合わせてさまざまな調整を行い費用、期間と効果のバランスをとっています。ここでは費用も期間も比較的小さく抑えたライト級事例と、費用と期間を比較的大きく取ったヘビー級事例を紹介します。

【ライト級】ユーザビリティ評価の事例とプロセス

＜プロジェクトデータ＞

期間	全稼働	体制
1週間	4人日	UXデザイナー×3名 ディレクター×1名 プロデューサー×1名

＜目的＞

店舗に設置し一般客が使うタブレットアプリのユーザビリティを向上させる。ワイヤーフレーム段階のユーザビリティ評価の問題がその後のワイヤーフレーム修正とデザイン・コーディングで解消したかを検証する（ワイヤーフレーム段階でユーザビリティ評価する方法は次章で説明します）。

＜プロセス＞

計画
プロデューサー・ディレクターとの討議のみで計画立案。

評価設計
現場（店舗）でユーザーの利用を2時間観察し、観察ポイントを検討。1シナリオ/1タスクを設計。

準備
プレテストはUXデザイナー自身で準備。

実査
社内から被験者を呼び、同日で連続して3名実査。プロデューサー・ディレクター同席。

分析
プロデューサー・ディレクターと一緒に分析。レポートはメモ書き程度のものを作成。

＜ポイント＞

ユーザビリティ評価のための予算と期間がほとんど取れなかったため、プロデューサー・ディレクターとの討議を通じて計画や評価設計を短時間で作成し、クライアントに実査に同席してもらって実査内容共有の時間を節約し、レポートを簡略化した。

【ヘビー級】ユーザビリティ評価の事例とプロセス

<プロジェクトデータ>

期間	全稼働	体制
3週間	30人日	UXデザイナー×4名 ディレクター×1名 プロデューサー×1名

<目的>

消費者金融の利用者向け会員ページのユーザビリティを向上させる。スマートフォン向けのUIがペルソナにとって妥当か、改善すべき問題はどのようなものか、検証する。

<プロセス>

計画
既存調査データを元にペルソナ/シナリオを作成し数回のクライアントレビューを実施。シナリオを元にストーリーボード（絵コンテのこと）も作成。

評価設計
ペルソナ/シナリオに基づきUXデザイナー4名がそれぞれ評価設計案を持ち寄り、相互レビューのうえブラッシュアップ。4つのシナリオに対し4タスクを設定。被験者評価の前に専門家評価を行い評価設計の精度を向上。

準備
実査会場と別の部屋でのクライアント見学も盛り込んだ。プレテストを実施。

実査
調査会社の登録モニターから、ペルソナに近い条件の被験者5名を呼んできて実施。実査と別の部屋で見学するクライアントに向けて動画（操作画面＋操作の様子）と音声をリアルタイムで送出しながら録画。

分析
NEM（2-5参照）による定量的な分析を含め50ページ程度の報告レポートを作成。

<ポイント>

ターゲットユーザーが消費者金融利用者であり、プロジェクトメンバーがユーザーの心理状態も含めたWebサイト利用の状況を想像することが難しかったため、ユーザーに関する調査データを数多くインプットした。シナリオも4つを作成・評価しユーザーのさまざまな利用機会に対するユーザビリティの評価と改善を行い成果の向上に努めた。

3章

プロトタイピングで設計を練りあげる

プロトタイピングは、UIから製品・サービスのコンセプトまで、かなり幅広い対象の評価・改善を目的に行われます。対象によってプロトタイプを作成するタイミングも作るものも全く変わります。この章ではWebの現場で実施されることが多い、設計・制作フェーズでのプロトタイピングを扱います。

written by 村上 竜介（株式会社アイ・エム・ジェイ）

プロトタイピングとは?

試作と評価・改善を繰り返す「プロトタイピング」

プロトタイピングとは、製品・サービスの完成版ができる前にプロトタイプ（試作品）を作って評価し改善することです。一見、完成版とはほど遠いかのようなプロトタイプであっても実際に作ってみると分かることは非常に多く、特に高度な作り込みが必要な際にはぜひ実施しておきたいところです。

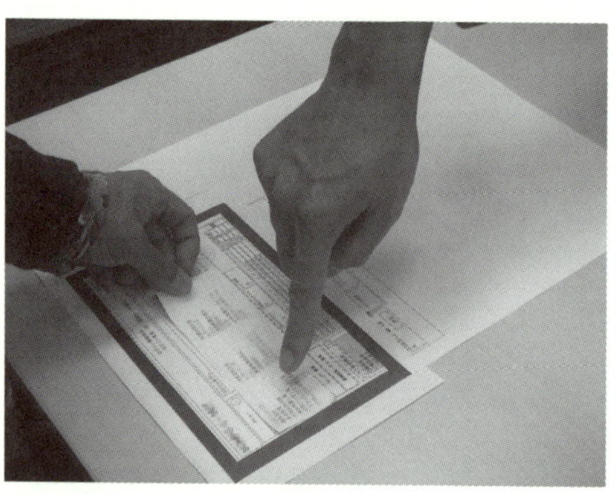

プロトタイピングのイメージ

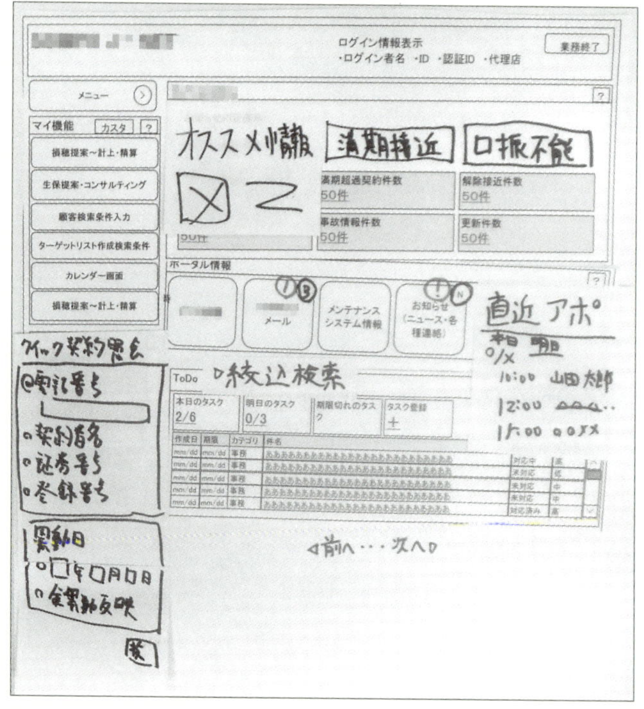

ペーパープロトタイピングのアウトプット例

仕事として実施するプロトタイピング

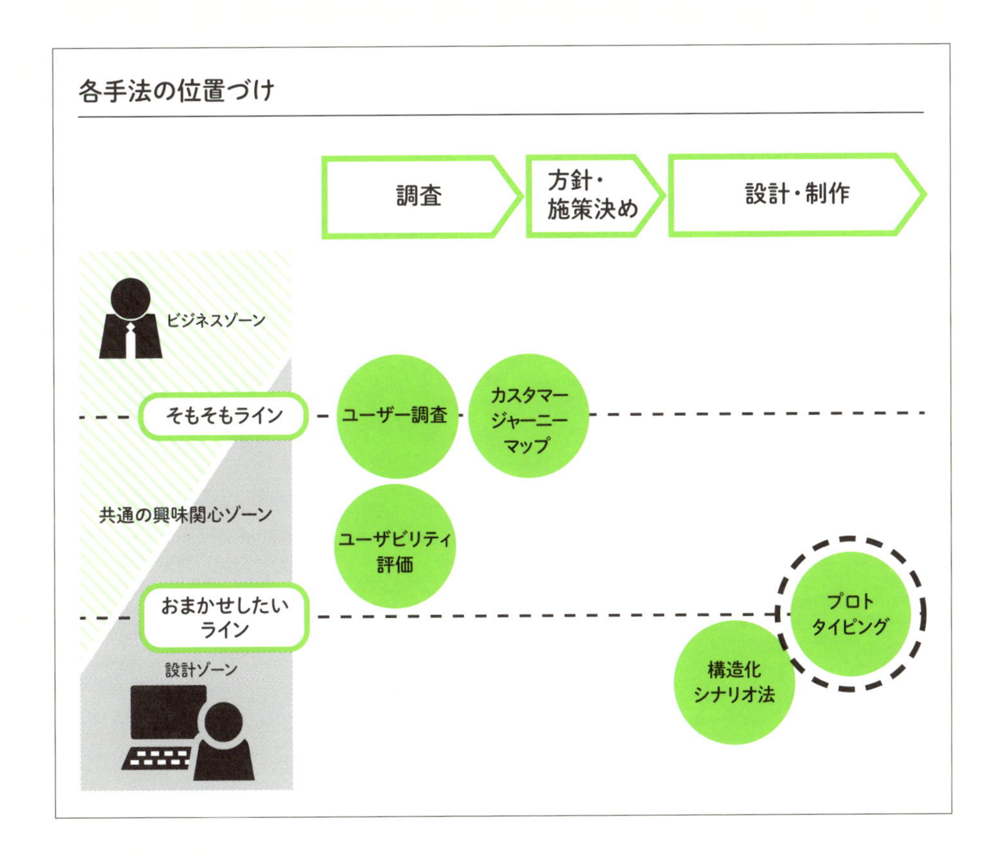

設計・制作フェーズでのプロトタイピングは「おまかせしたいライン」の上にあり、プロジェクトによって仕事としての実施しやすさはケースバイケースです（詳細は章の後半にまとめます）。クライアントの設計への興味関心が強い場合や、設計の善し悪しが成果に大きく響くプロジェクトなどでは理解と合意が得られやすいので、ぜひプロトタイプの実施を積極的に提案していくと良いでしょう。また設計チームの経験が浅い領域では、設計品質を保つため小規模でもなんとか押し込んで実施してしまうこともあります。

〈仕事としての始めやすさ〉

こっそり練習	一部業務でトライアル	クライアント巻き込み
★★	★★	★★★ （★★★★）

3-1 プロトタイピングの種類

冒頭にも書きましたが、プロトタイピングはかなり幅広い範囲に対して実施されます。まずはどんなものがあるのか、軽く見渡してみます。

作って試しながら進めていくプロトタイピングという方法はとても強力なので、上流で製品・サービスのコンセプト自体を試すときにも使われますし、Webの現場でもUIの情報設計を評価・改善するためや、UIのインタラクションを作り込むために使われることも増えてきています。

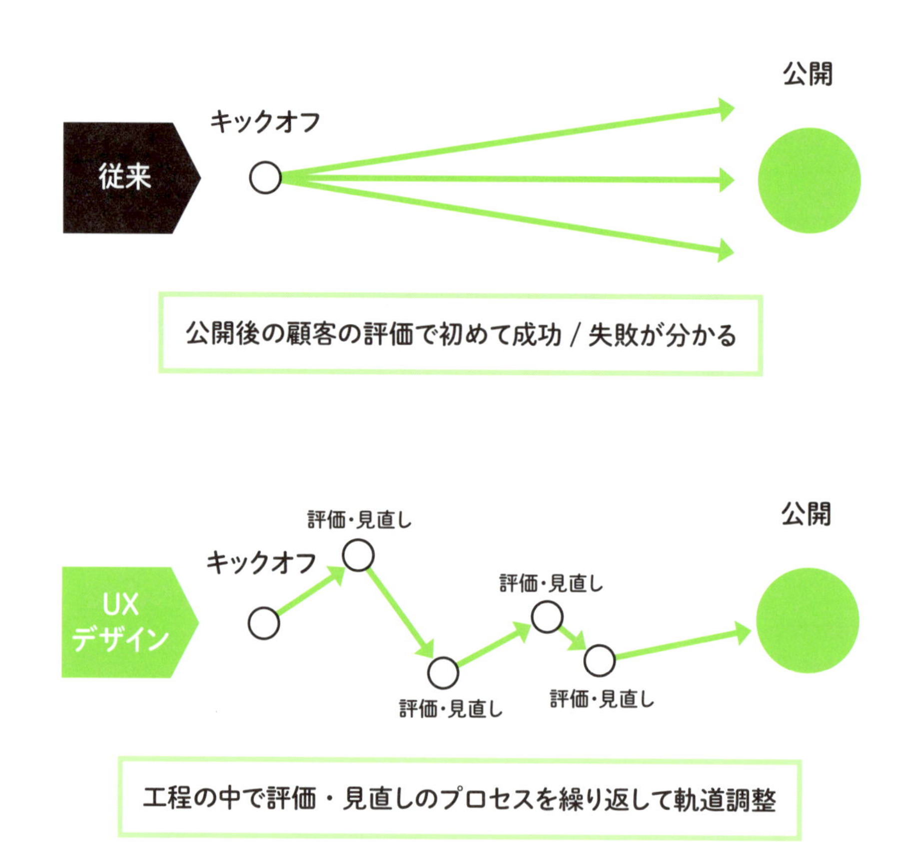

特に最近スマートフォンでは画面切り替えやスワイプ等の操作のフィードバックを細かなアニメーションで表現する重要性が増しているので、実際に動くものを見せてUIのインタラクションに調整を加えていくケースは今後さらに増えていくでしょう。

そうした幅広く用いられるプロトタイピングですが、この章では特にWeb制作の情報設計で行うプロトタイピングにスポットライトを当てます。情報設計の基本骨格に跳ね返ってくるような修正は後になればなるほど大変なので、特に重要性が高いためです。

それぞれのフェーズによって使用できるプロトタイピングの方法が変わる

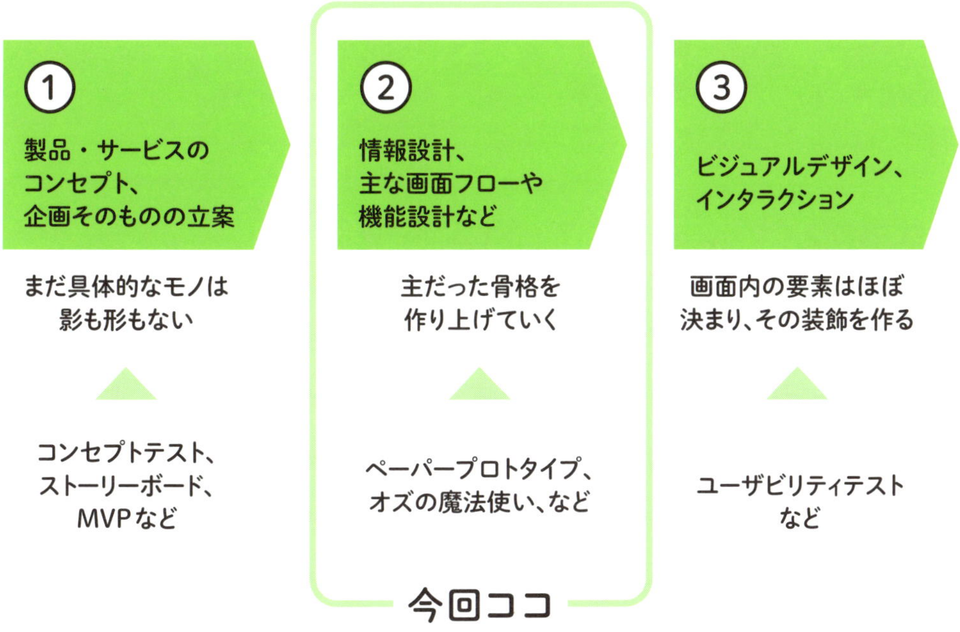

① 製品・サービスのコンセプト、企画そのものの立案	② 情報設計、主な画面フローや機能設計など	③ ビジュアルデザイン、インタラクション
まだ具体的なモノは影も形もない	主だった骨格を作り上げていく	画面内の要素はほぼ決まり、その装飾を作る
コンセプトテスト、ストーリーボード、MVPなど	ペーパープロトタイプ、オズの魔法使い、など	ユーザビリティテストなど
	今回ココ	

①はUXデザインとしては上級編に属すること、一方③はUXデザインというよりはインタラクションデザインに近い話になってくること、プロトタイピングツールの使いこなしや制作のスケジューリングで解決できていくことなので、別の機会に譲りたいと思います。

MEMO

制作現場ではコンペ提案の際に動くモックアップが作られることがあります。これは完成版の前に作られる本物みたいなモノという意味ではプロトタイプと似ていますが、目的も作成するタイミングも全く違う別物です。コンペ用モックアップの目的はあくまで「印象的に提案内容を伝える」ことなので、提案の華となる部分を見た目良く作りますが、手早く評価・改善をしていく観点ではこの見た目の良さがむしろ邪魔になることがあります。また、そもそもプロジェクト開始前にある程度勝手に作ってしまうものなので、仕様がビジネス側とずれることは大いにあります。使い回してなんとかプロトタイピング用に使えることもありはしますが、いったんは別物として考えてください。

3-2 ワイヤーフレームを評価する

情報設計は今日でも多くのシーンでワイヤーフレーム上に表現されて、設計チームやクライアントとコミュニケーションが行われています。一部ではプロトタイピングツールを使うケースも徐々に増えつつはありますが、まだPowerPointやExcelで作られているケースも結構あります。これをどのように評価・改善していくのでしょうか？

◇設計中のワイヤーフレームをユーザビリティ評価する

通常ユーザビリティ評価は被験者となるユーザーが操作できるもの（リンクが生きているWebサイトなど）に対して行われますが、まだ設計途中なので当然HTMLはありません。しかしこの段階にあるPowerPointやExcelのワイヤーフレームでもユーザビリティ評価は行えます。それが「オズの魔法使い」と呼ばれる手法です。

◇オズの魔法使いのやり方

実施風景。被験者のユーザーの前にブラウザーのウィンドウの紙がある

オズの魔法使いのやり方は非常に簡単です。被験者のアクション（クリックなど）に対して本来はブラウザーが返すインタラクションを、ブラウザー役の人間が紙に印刷されたワイヤーフレームを動かして代行するのです。ユーザーは紙のワイヤーフレームをWebサイトの画面とみなし、指をマウス

ポインターとみなしてWebサイト同様に操作します。リンクをクリックしたらブラウザー役の人間がリンク先のページに差し替え、セレクトボックスをクリックしたらブラウザー役の人間がセレクトボックスを開きます。

ごっこ遊びのように思えるかもしれません。たしかに一見いい大人が工作で遊んでいるように見えますが、不思議なことにこれでも被験者はすぐに紙のワイヤーフレームを画面とみなすことに慣れ、実際の利用状況さながらに一喜一憂しながらタスクを行ってくれます（人間の柔軟性に驚かされます）。

また設計者自身がこの紙のプロトタイプを作る過程で、目で見て手で触れることで過不足や矛盾に気づいたり、より良いアイデアに気づいたりする副次効果もあります。

ここで見つかった課題については改善案を考えワイヤーフレームを修正します。かっちりした評価レポートを作る必要がある場合は別ですが、課題と解決策を明確にプロジェクト内で確認できた場合には、用意していた被験者全員分のテストを完了する前にワイヤーを修正することもあります。

MEMO

ユーザビリティ評価は開発工程の早い段階ほど費用対効果が高いものです。HTMLコーディングまで済んでいるのにワイヤーフレームにさかのぼるような修正が入ったことはありませんか？ そのコストを考えれば、早い段階で問題を解決しておくことが有効だと分かってもらえると思います。

もちろん、ビジュアルデザインを施す前のものですので、ビジュアルデザイン後には解決されているであろう問題やコーディング後には解決されているであろう問題が指摘される可能性もありますが、その課題に注意してビジュアルデザインやコーディングを行えるということでもあります。さらに、ワイヤーフレームがシンプルなだけに、ビジュアルデザイン後には気づけない問題に気づくこともできます。

オズの魔法使い

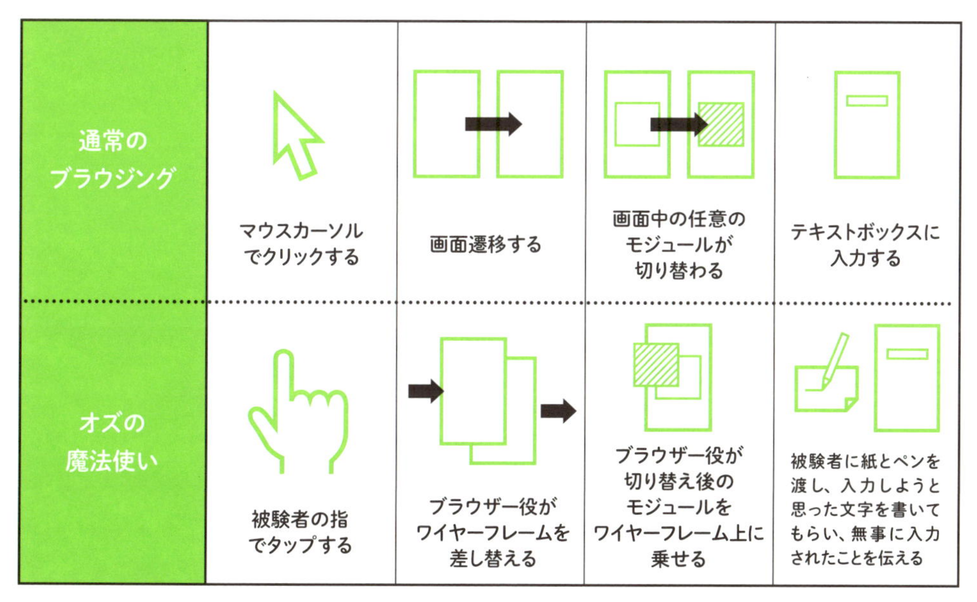

オズの魔法使いでは、通常のブラウジングと同様のインタラクションを紙と手で行う

3-3 ペーパープロトタイピング

オズの魔法使いで設計途中のPowerPointやExcelのワイヤーフレームであってもユーザビリティ評価を行い改善してしまうやり方を紹介しましたが、ワイヤーフレームの設計業務そのものをより早く評価・改善する方法をご紹介します。

◇ペーパープロトタイピングとは

ペーパープロトタイピングとは、紙で作ったプロトタイプ(ペーパープロトタイプ)を使い評価と改善を行うことです。

ペーパープロトタイプの例

どういうページがあれば良いかを確認するために作成した、抽象度が高いペーパープロトタイプの例。具体的な文字は画面遷移に必要となる最低限の要素のみが書かれている。また、左の画像のように、ユーザーがページを見るシーンも描くこともある。

◇なぜ紙で作るのか

ペーパープロトタイプは紙に手書きし作成することができるため、ソフトウェアやプログラミング言語の知識やスキルに依存することなく、誰もが手早く作成や修正をすることが可能です。そのため企画や設計の初期段階で関係者が集まり、評価と改善を繰り返すのに適しています。

変えた方が良いと思われる箇所があれば、ペーパープロトタイプ上に付箋を貼って変更したり、折って隠したりすれば良いのです。

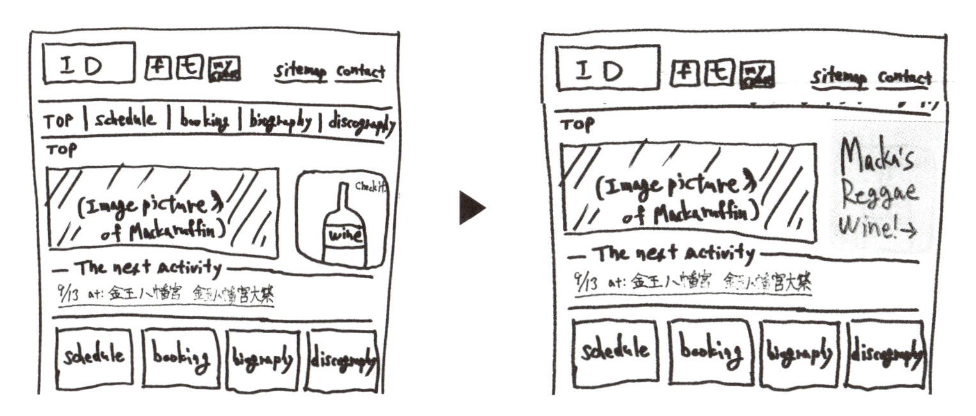

ペーパープロトタイプの修正。左が修正前、右が修正後。ヘッダーのグローバルナビを折って隠し、画面右側のワインボトル画像は付箋を上から貼りキャッチコピーに変更。

会議の中で出てくるさまざまな改善案を会議室の中ですぐに反映することでその案がどのようなものか、それは良さそうか、一目瞭然となります。

また、目に見えるかたちで反映することで、次のアイデアが生まれやすいという特長もあります。つまり､改善を検討する会議の中で関係者間の合意形成を得ながら何度もバージョンアップができる、かつ複数名でアイデアを出し合い相乗効果が得やすい、ということです。この明瞭さ、スピード感、相乗効果を実現できるところがペーパープロトタイピングの大きなメリットです。

◇ペーパープロトタイピングはどのように行うか

ペーパープロトタイピングは以下の流れで行います。

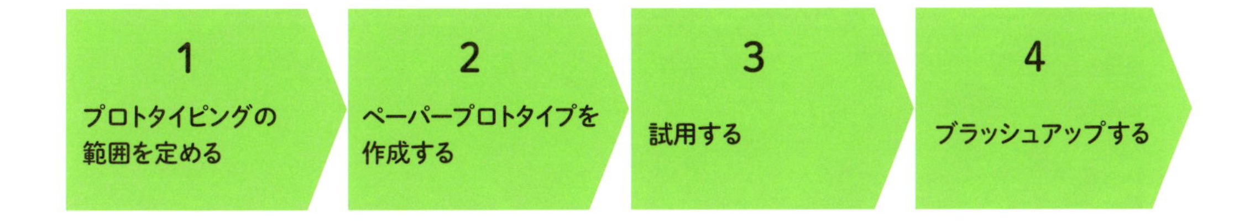

①プロトタイピングの範囲を定める

プロトタイピングの目的に応じて必要な対象ページやプロトタイプに記載する情報の抽象度などを検討します。たとえば、設計の初期であれば最も大切なコンバージョン経路のみを作成し、記載する情報もその導線を支える最低限のものが良いでしょう。余計なものを描かないことで、コンバージョンの流れが浮き彫りになりますし、短時間で作り直しをすることもできます。

逆に設計の中盤であれば再利用や他者推奨の意向を具体的にどう創出するかを見るためにさまざまなフックを画面上にちりばめることも必要になってきます。

②ペーパープロトタイプを作成する

必要なページを作成します。手書きで作成してもデザインや資料作成向けのソフトウェアを使ってパソコン上で作成しても構いません。ただし、はじめは手書きをおすすめします。手書きすることで、短時間で作成できたり、作成した案を捨てることへのストレスが少なかったりし、試作と改善を繰り返す反復設計の活性化が見込めます。

③試用する

アイデアの確認と改善に関わるメンバーで会議室などに集まり、ペーパープロトタイプを試用します。各メンバーは自身がユーザーになったつもりでプロトタイプを「試用」します。「見る」のではなく「試用」するのです。

試用風景。評価者が指をマウスポインターに見立てて試用している

具体的には、以下のように進めます。

1. コンバージョン導線上の画面のプロトタイプを作る
2. プロトタイプをユーザーが操作する順に並べる
3. ターゲットユーザーの属性、ニーズ、サービス利用背景といった利用状況についてペルソナ／シナリオなどを読み、おさらいする
4. ターゲットユーザーになったつもりで、サービス利用のきっかけとなるシーンを見て状況のイメージを固め、ランディングページからコンバージョンページまでプロトタイプを試用する
   プロトタイプを試用するときには、マウスの代わりに指先でタップしたり、キーボード入力の代わりに入力文字を鉛筆で書き込んだりしながらサービス利用を進める

5. プロトタイプを使いながら気づいた点をメモする。このとき、悪い点だけでなく、良い点やジャストアイデアも貴重な気づきとなるためメモしておく
6. 改善する

試用を通じて、ユーザーに価値を感じてもらえそうか、使ってもらえそうか、どうすれば良くなりそうか、といったことを考えていきます。良さそうな修正案は3-3の図「ペーパープロトタイプの修正」のようにその場でプロトタイプに反映させ、その場で再度試用を行います。

◇ ペーパープロトタイピングに必要なツール

Webサイトのペーパープロトタイピングであればペン、紙、ハサミ、のりの4点があれば実施可能です。ただ、貼ったり剥がしたりしますし、対象デバイスで実際に見たときの可視領域をイメージできた方が良いため、現場ではいくつかのツールが定番化しています。ペーパープロトタイピングに良いツールを以下に紹介します。

付箋	オブジェクトを描くものとして使う。貼って剥がせるため、オブジェクトの差し替えや移動が簡単に行える。 色を多用せずいくつかのサイズを揃えておくと使いやすい。
コピー用紙	オブジェクトを配置する台紙にしたり、手持ちの付箋よりも大きなオブジェクトを描いたりする場合に使う。 手書きしやすく、複数名でプロトタイプを見ながら討議しやすいことを考慮し、台紙は実寸よりも大きめのものが良い。スマートフォン用であればB5程度、パソコン用であればB4程度が使いやすい。
貼って剥がせるのり	コピー用紙に描いたオブジェクトを台紙に貼ったり剥がしたりするのに使う。 スティックのりでもテープのりでもスプレーのりでも構わない。ない場合はセロハンテープなどでも代用できるが、剥がす際に台紙を傷めにくいマスキングテープのようなものが良い。
ペン	パーツや文字などを描くものとして使う。 サインペンのように太めではっきりとした文字が書けるものが良い。
ハサミ	コピー用紙や付箋をちょうど良い大きさに切るものとして使う。
厚手の紙	Webサイトを閲覧する際のデバイスやブラウザーを描くものとして使う。 可視部分に穴を空けて利用してもへたらない厚さのものが良い。

ペーパープロトタイピングによく用いるツール

3-4 プロトタイピングを実施する際の注意点

プロトタイピングに慣れてくるとついやりがちな注意点があります。それは「作り込み過ぎ」です。特にビジュアルデザインの経験がある人は頭に入れておきましょう。

作り込み過ぎはこんなにもさまざまな弊害が出ます。

リソースのムダ遣い	見た目の要素を作り込むことで、大切な時間と稼働がムダに使われる
評価・改善速度の低下	見た目を保ちながらの修正・改善はいちいち手がかかるので評価・改善のスピードや実施回数が落ちる
余計な話題で生産性が落ちる	評価対象のプロトタイプがきれいに作り込まれていると見た目に対しての指摘が混入してきて、シナリオや情報設計に対しての指摘の量が減る。クライアントを含めたプロジェクトメンバーが見た目の議論に没頭してしまうなど、今話す必要のない話題の収束に余計に手がかかる

プロトタイプは必要最低限の粒度や機能だけを作ることを目指し、プロジェクトメンバーを集めたプロトタイピングの場では、ホワイトボードに論点を書いておき参加者が論点を見失わないような工夫をすると良いでしょう。どこまでの作り込みが必要最低限なのかは1～2回実践してみればつかめていきます。

ただそうはいっても、プロトタイプを評価していると本来の目的とは関係のないものの有用なアイデアが浮かんでくることも多くあります。せっかくのアイデアですので、これはホワイトボード等にメモをしておきましょう。別のタイミングでそのアイデアを再利用することができるだけでなく、浮かんだアイデアをきちんと出すことで本来の論点に集中しやすいという利点もあります。

3-5 プロトタイピングツール

昨今さまざまなプロトタイピングツールが出てきており、日々急激に進化しています。ナビゲーションなどの共通要素の修正が簡単なものもあり、スマートフォンなど画面要素がシンプルなものはむしろ紙で試行錯誤するより早い場合もあります。またユーザビリティ評価に移行しやすいことも有利です。

ただ改めて気をつけたいのは、ツールが便利で表現力も高いため必要以上に見た目も含めて作り込んでしまいがちです。単に作成中のものをより分かりやすく印象的に伝えるためのモックアップなら良いですが、評価・改善をするためのプロトタイピングであれば過剰な作り込みは意識的に抑制しましょう。

プロトタイピングツール「inVISION」をご紹介します。inVISION は Photoshop などのデザインツールからファイルを読み込むことができ、ソースファイルの更新も反映してくれます。手書きのプロトタイプを読み込むこともできます。

矩形で囲み簡単に他ページへのリンクを手軽に設定することができます。クリックとホバーの挙動も設定できます。

コメント機能でプロジェクトメンバーからのフィードバックを任意の箇所に残せます。

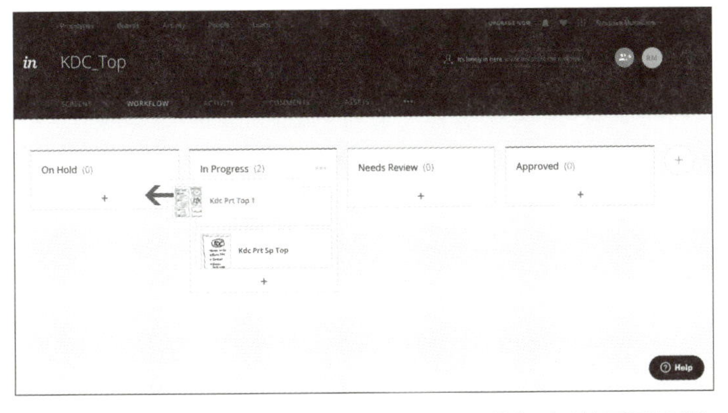

画面ごとのステータス管理も備えています。

ユーザビリティテスト機能もあり、表情と発話を録画・録音しながら画面を記録できます。

inVISION　https://www.invisionapp.com/

Photoshop や手書きのプロトタイプが読み込めて、リンクなどの挙動を手軽に設定しユーザビリティテストまで行えて無料プランもある

仕事として実施するための機会の作り方

こっそり練習	一部業務でトライアル	クライアント巻き込み
★★	★★	★★★ (★★★★)

「こっそり練習」を始めるには?

ワイヤーフレームを書くなどの設計業務をやっている人であれば、ペーパープロトタイピングなどは比較的手をつけやすいと思います。ただ自分一人だけでペーパープロトタイピングをすると、それまでのやり方が紙になっただけで余計な手間が増えたと感じてしまうかもしれません。複数のメンバーで、画面要素を手で触りながらどんどん変更して設計を進める効果をぜひ体感してみてください。

「一部業務でトライアル」をしてみるには?

プロトタイピングは「おまかせしたいライン」をまたいでいますが、これは逆に言うとビジネス側(クライアントなど)に了承を得ず、設計の一環として作り手側の事情として勝手にやってしまってもいいのだ、とも言えます。こっそり練習でやり方を学んでおおまかな手間と時間の肌感覚が分かってきた後に、プロジェクトの全体スケジュールとコストに影響が出ないと分かったらさっさとやってしまいましょう。

プロトタイピングをやることで一見手間が増えるように見えます。しかしながら、被験者のリクルーティング費用などがかからなければ追加の外部コストは発注しませんし、やっておくと後工程での手戻りが減ることが多いので、経験上はトータルで帳尻が合うことも多くありました。

「クライアントを巻き込む」には?

ビジネス側(クライアントなど)には関心を持ってもらえないことも往々にしてあるプロトタイピングですが、大がかりに実施する必要があったり、コストがかかったりする場合はやはりプロジェクトとしてクライアントの承認が必要です。承認が得やすいのは、当たり前ですがビジネス側の設計に対する関心やコミットが強い場合です(たとえば、設計論拠の細かい理由説明が必要だったり、ビジネス成果に敏感だったりする場合など)。

また逆にビジネス側の設計へのコミットが弱いとしても、一度作ると後からの改修が大変だったり設計のビジネスインパクトが大きかったりするもの(たとえば、代替不能な業務用システムや利用者数が非常に多いWebサイトなど)、また全く新しいもので設計チームにノウハウが乏しいもの(たとえば、新規事業のサービスなど)については規模の大小はあったとしても、なんとかプロトタイピングを実施しておきたいところです。

プロトタイピングの“事例紹介”

本章の冒頭にも書きましたがプロトタイピングはその対象・やり方ともに幅広く多岐にわたります。ここでは期間が全く取れない中で工夫して短期で実施したライト級事例と、比較的期間がとれた中で実施したヘビー級事例を紹介します。

【ライト級】プロトタイピングの事例とプロセス

<プロジェクトデータ>

期間	全稼働	体制
0.5週	3人日	UXデザイナー×1名 ディレクター×1名

<目的>

オンデマンド印刷サービスの印面デザイン入力UI設計の妥当性を検証する。しかし、試作と評価により既にひかれているスケジュールが短く、部分的にも伸ばすことはできない。システム改修の影響があり、ワイヤーフレーム作成前に画面遷移を確定させる必要があるため、画面遷移（手順）と画面（操作UI）の双方に試作・評価・改善を行わなくてはならない。

<プロセス>

プロトタイピングの範囲を定める

画面遷移段階に影響する動的ページ2ページのみを範囲として設定。
手順を検証するために画面遷移設計段階でプロトタイピングを実施し、操作UIも検証するためにワイヤフレーム設計段階にもプロトタイピングを実施。

プロトタイプを作成する

画面遷移段階で、各画面の粗いプロトタイプを作成。
ワイヤーフレーム段階で各画面の細かいプロトタイプを作成。

プロトタイプを試用する

画面遷移段階、ワイヤーフレーム段階のそれぞれにおいて被験者評価を実施。評価にはUXデザイナーの他にディレクター・プロデューサー・クライアントが見学参加。

プロトタイプを改善する

UXデザイナーとディレクターが問題の要因分析をしながら改善プロトタイプをその場で作成。

<ポイント>

被験者評価を採用しながらもプロトタイピングを行うことによるスケジュールへの影響をゼロ営業日に抑えた。Web サイト設計経験が多い UX アーキテクトがディレクターとペアになり、設計・評価・改善を実施することで設計の期間を短縮したり、ペルソナ / シナリオやタスクの詳細についてはクライアントから IMJ に一任してもらうことでそれぞれのレビュー・フィードバックにかかる期間を削減したりした。

【ヘビー級】プロトタイピングの事例とプロセス

<プロジェクトデータ>

期間	全稼働	体制
2週間	15人日	UXアーキテクト×1名 ディレクター×2名 プロデューサー×1名

<目的>

某ゴルフ場予約サイトの検索手段のひとつ、「地図から探す」の UI を改善するにあたり、設計物のユーザビリティを検証する。

<プロセス>

プロトタイピングの範囲を定める

地図検索トップからゴルフ場へのアクセス方法(車で友人を迎えに行ってゴルフ場に着くまでの道順)が分かるまでを範囲とした。

プロトタイプを作成する

地図上にさまざまな操作モジュールが乗せられるペーパープロトタイプを作成。

プロトタイプを試用する

被験者3名に対し評価を実施。評価はUXデザイナーとディレクターが主体で行った。

プロトタイプを改善する

評価結果から問題点と改善案が分かるレポートを作成したうえでクライアントと改善案をブラッシュアップ。

<ポイント>

検索システムのユーザビリティをシステム実装前に評価するのは難しいが、それをなんとか評価・改善しなくてはならなかった。ペーパープロトタイプで検索結果のすべてを用意することは不可能であるため、評価導線を限定し、その対象については複数パターンの検索結果やポップアップモジュールを用意し評価を可能にした。

4 章

ペルソナから画面までをシナリオで繋ぐ

前章では、プロトタイピングによって、設計したワイヤーフレームの評価と改善をする方法を学びました。そのような画面設計をするためには、まずどのようなユーザーがWebサイトを利用するのか人物像（ペルソナ）を絞り込み、その人物にとってのWebサイトの使い方（シナリオ）を考える必要があります。この章では、構造化シナリオ法という“あるべき姿”を描く手法を学びましょう。

written by 佐藤 哲（株式会社アイ・エム・ジェイ）

構造化シナリオ法とは?

ユーザーの「本質的な欲求」＝「ニーズ」をユーザーの「価値」と位置づけ、それを満たすシナリオを3段階に分けて考えていくのが構造化シナリオ法の特長です。

構造化シナリオ法は日本人間工学会アーゴデザイン部会が開発した手法で、「ビジョン提案型デザイン」手法とも呼ばれ、“現状の姿”を洗い出して問題解決のシナリオを考えるのではなく、理想の“あるべき姿”を描くため、今までにない新しいWebサイトや製品・サービスを企画提案する場合に向いています。

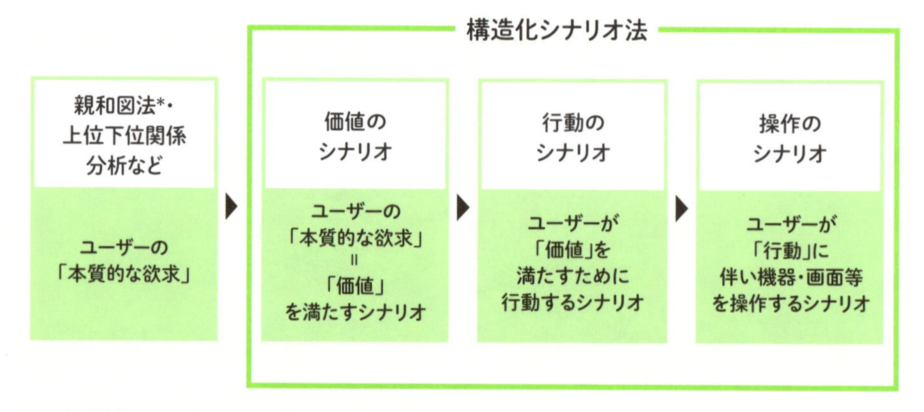

ユーザーは欲求やニーズを満たすことを目標として行動や操作をしている。欲求やニーズが満たされれば、それを「価値」と感じる
＊「親和図法」については 5-5 で詳しく解説します。

正式な構造化シナリオ法では、ユーザーの「価値」だけでなく企業側のビジネスニーズや製品・サービスが持つ「価値」もシナリオに取り込みます。そうすることで、企業側にとっても実現性の高いシナリオが生まれるのですが、初心者には難易度が高いためこの本では割愛しています。

なお、構造化シナリオ法では3段階のシナリオ名称を下記のように英語で定義していますが、この本では日本語化して記載しています。

「バリューシナリオ」 → 「価値のシナリオ」

「アクティビティシナリオ」 → 「行動のシナリオ」

「インタラクションシナリオ」 → 「操作のシナリオ」

構造化シナリオ法について詳しく知りたい方は、『エクスペリエンス・ビジョン　ユーザーを見つめてうれしい体験を企画するビジョン提案型デザイン手法』をぜひお読みください。私たち執筆陣もこの書籍を大変参考にしています。

エクスペリエンス・ビジョン
ユーザーを見つめてうれしい体験を企画するビジョン提案型デザイン手法
著者：山崎和彦、上田義弘、髙橋克実、早川誠二、郷健太郎、柳田宏治
出版社：丸善出版（2012年）　ISBN：978-4621085653

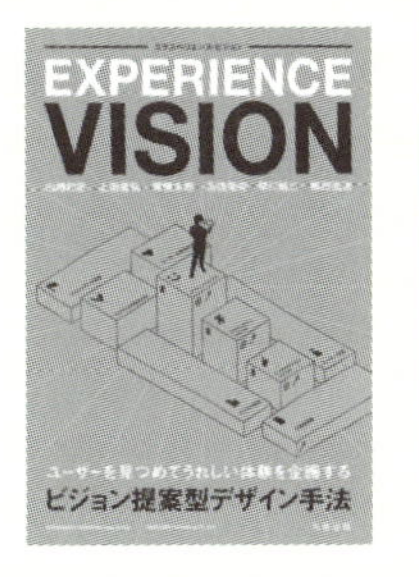

年　月　日

価値のシナリオ	テーマ	「新しいヘアケアの製品・サービスやWebサイトの提案」

ユーザーの本質的な欲求
天候に左右されず、自分が納得する髪型をキープしていたい。

ユーザーの特徴
一人暮らしの独身女性（会社員・29歳） 雨の日は髪の毛が落ち着かない、クセがヒドい、雨が降ると自分が「カワイクない」と思ってしまうというコンプレックスがある ヘアケアに関する情報の感度は高い人の評価も気にするけど、自分が納得することが何より大事

価値のシナリオ	シーン
どんな天候の日でも、常に自分の納得する髪型をキープできる。	寝る前にトリートメントする 朝、ブロー・セットする 通勤中に髪型が気になる 職場で同僚と仕事をする 仕事帰りも髪型が気になる

ペルソナからユーザの本質的な欲求を切り取り、ユーザーの価値を導く

年　月　日

行動のシナリオ	テーマ	「新しいヘアケアの製品・サービスやWebサイトの提案」

ユーザーの目標
自分の納得する髪型をキープできる。

シーン
朝、ブロー・セットする 通勤中に髪型が気になる

行動のシナリオ	タスク
今日も雨が降っていて、起きた瞬間から髪がウネウネで気に入らなくて憂鬱。いくら朝ブローしても、家でやった状態が会社までキープできるわけでないから。 そんな日の通勤中、職場の最寄り駅に、ドライヤーやコテなど、髪の毛をセットできるスペースを見つけた。中をのぞくと、仕切りがあって周りからも見えないようになっている。 今日は時間に余裕があるし、ここで無料の利用登録すればOKなので、登録をして入ってみた。 そこにはヘアウォーターなどのサンプル品が置いてあって試用できるのもいい。試しに自分でブローしたら、なんかいつもよりサラッとした気がして気分が良くなった。これなら、雨の日も怖くないし、メークと一緒に髪型も直せて、とても助かる！	朝ドライヤーでブローする 電車で通勤する スマートフォンアプリ画面から、無料の利用登録をする 登録画面を係員に見せて、スペースに入る スペース内で髪型を整える サンプル品でメークを直す

価値のシナリオのシーンを選び、行動のシナリオとして具体化する

年　月　日

操作のシナリオ	テーマ	「新しいヘアケアの製品・サービスやWebサイトの提案」

ユーザーの目標

自分の納得する髪型をキープできる。

タスク

スマートフォンアプリ画面から、無料の利用登録をする

登録画面を係員に見せて、スペースに入る

操作のシナリオ

①無料の利用登録の説明の看板を読み、専用アプリ（無料）が必要なことを知る。
↓
②看板にQRコードがあるので、スマートフォンで読み取ってアプリをダウンロードする。
↓
③アプリの新規会員登録はSNSのID連携ができるので、Facebook IDで登録するボタンを押して簡単に終える。
↓
④アプリ側がGPSを利用して、今いるスペースが自動的に表示されたので確認する。
↓
⑤アプリで今いるスペースの当日すぐ利用可能な空きを検索するボタンを押す。
↓
⑥アプリで検索結果画面に空きが見つかったので、すぐ利用登録ボタンを押す。
↓
⑦アプリに利用登録できます画面が表示される。
↓
⑧受付の係員に見せてください。という表示を読む。
↓
⑨受付の係員にアプリの利用登録画面を見せ、スペースに入る。

行動のシナリオのタスクを選び、詳細な操作のシナリオを検討する

価値、行動、操作それぞれのシナリオは、専用のテンプレート（4-7参照）に記述していきます。

仕事として実施する構造化シナリオ法

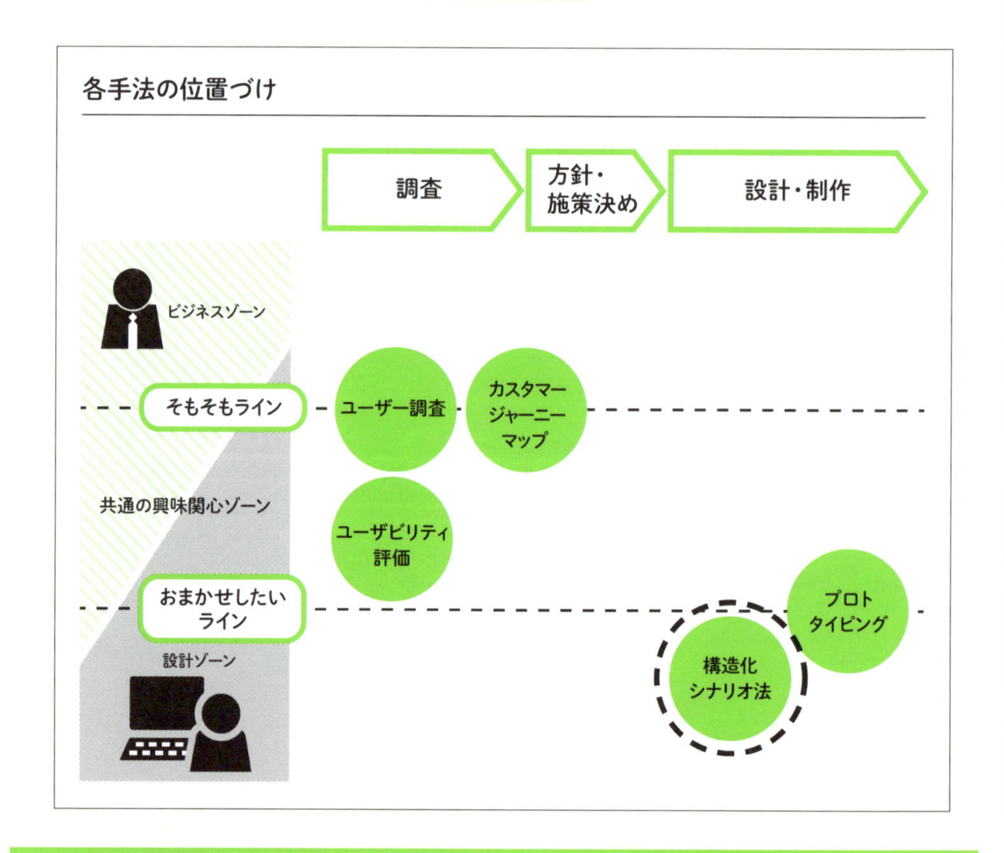

構造化シナリオ法は画面設計の前段階で使う手法のため、設計・制作フェーズの「おまかせしたいライン」の下に位置しています。クライアントはほぼ制作側の業務として捉えており、担当者は上がってきたワイヤーフレーム等を確認するのが仕事という認識でしょう。

クライアントの担当者に、Webサイトのワイヤーフレームをいきなり書き始める前に、一度、ユーザーの利用シナリオを文章で整理して確認しておいた方が、その後の画面設計がスムーズに進むという説明を事前にしておくと、プロジェクトに組み込みやすくなると思います。

〈仕事としての始めやすさ〉

こっそり練習	一部業務でトライアル	クライアント巻き込み
★★	★★★	★★★★

Webサイトなどの情報設計の経験がある方は、おそらく画面設計に入る前に頭の中で「ユーザーはこんな目的を持っていて、こんな状況だとすると、こんな画面が必要だろう」というシナリオを思い浮かべていると思います。それを、新たに文章で書く時間を作ると思えば、「一部業務でトライアル」までは初心者でもできるはずです。

クライアントと一緒に構造化シナリオ法を進めることは、初心者には難しいと思います。何度も練習して経験を積んだ上で、親和図法（5-5参照）なども上手くできるようになった後に、規模の小さいプロジェクトから始めましょう。

4-1 ペルソナがユーザー目線を教えてくれる

シナリオを書くためには主人公が必要です。主人公の人物像＝ユーザーの目線になってWebサイトを利用する状況をイメージして、構造化したシナリオを書いていきます。

◇ UXデザインの基礎となるペルソナ

ペルソナとは、Webサイトや製品・サービスなどを利用する典型的ユーザーの人物像を具体的に書き表したものです。ペルソナを作ることで、「この人ならWebサイトのこのコンテンツを読んで楽しんでもらえる！」とか、「この人ならスマートフォンのアプリのこの機能を便利に使ってもらえる！」というような利用シーンや使い方、また、その時の気持ちなどをイメージすることができます。

ペルソナは他の手法と組み合わせることが多く、ペルソナなしにUXデザインはできない、ペルソナなしにWebサイトや製品・サービスは作れないと言っても過言ではありません。

◇ どうすればペルソナが作れるの?

ペルソナは空想ではなく、できるだけ事実に基づいた情報から作り上げていきます。まずは根拠となるユーザーのデータを探してみましょう。受託制作側で調査などをしていなくても、クライアント側から提供される企画書や調査資料などがあるはずです。

ペルソナの根拠となる資料やデータ	ペルソナとして活かせる項目
Webサイトの企画書・提案書	ターゲット属性として、年齢、性別、居住地、未既婚、職業、収入、家族構成、生活習慣、所有物、趣味・嗜好、よく見るWebサイトなどが記載されていることが多い。
Webサイトのアクセス解析	月次レポートのような資料に、Webサイトを利用する曜日・時間帯、頻度、デバイス、閲覧ページ、機能、会員/非会員などが記載されていることが多い。
アンケート、インタビューなどの調査結果レポート（クライアントや外部の調査会社が調査した資料など）	年齢、性別、居住地、職業、収入、家族構成のようなデモグラフィック（人口統計学的）的な数字に加え、Webサイトや製品・サービスの認知経路、利用理由、利用頻度、利用期間、利用状況、利用場所、利用した感想・意見、競合の利用状況などが記載されていることが多い。

上記のような手掛かりが少しでも得られたら、まず最低限の項目で「簡易ペルソナ」を作ってみましょう（定性調査の予算や期間がある場合は、調査会社経由でユーザーにインタビューをするなどして精度の高いペルソナを作成することもあります。また、ペルソナを共感図でまとめる手法もあります。詳しくは7章をお読みください）。

簡易的な始め方のパターン

簡易ペルソナは、以下のように人物像の基本的な情報をブロック分けして箇条書きにしていきます。

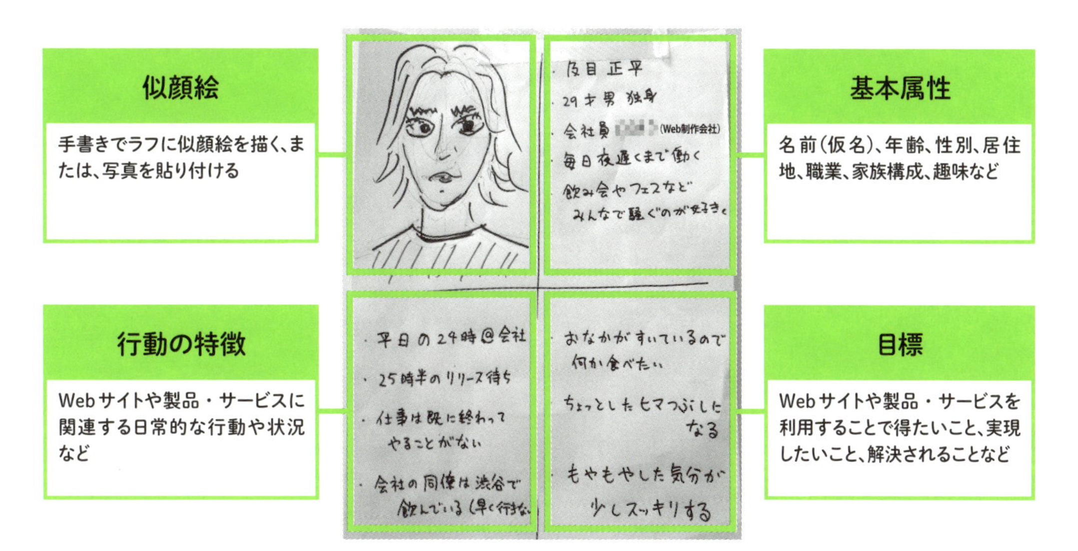

簡易ペルソナは、A4用紙などに手書きするのが最も簡単で早い。

一人で書いても構いませんが、同僚やプロジェクトメンバーで話し合って作っても良いでしょう。早ければ10分程度で簡易ペルソナができてしまいます。数時間もかける必要はありません。

◇ こういうペルソナはやめよう

ペルソナ作成で、やってはいけないことがあります。たとえば、クライアント側の企画書に、ターゲットはF1層（マーケティング用語で20～34歳の女性を指す）と定義されていたとして、ペルソナに20代～30代前半と書くことです。日本の20～34歳のすべての女性を、ひとつの人物像にまとめることはできません。できれば、20～34歳の中でもっとも利用者の多い年齢を書き込むのがベストです。

これは年齢の例ですが、「会社員」や「独身」なども一括りにできるものではありません。趣味や行動の特徴などを重要視しながらペルソナを作成しましょう。

4-2 当事者の思い込みから逃れるための構造化シナリオ法

ペルソナが目的達成する際の欲求やニーズを軸としながら、「価値」と「行動」と「操作」の3段階に分けてシナリオを書いていくことで、企業目線に陥らないユーザー体験の設計ができます。

◇ Webサイト運営側が考えるシナリオには注意する

Webサイトの企画開発に携わる側は、ユーザーのためを思い、日々検討を重ねて改善案を考えています。よくあるケースとして、以下のような例で考えてみましょう。

たとえばWebサイト上での問い合わせについて

Webサイト運営側はうっかり自分にできることから発想してしまいがち

ユーザー側からすると、Webサイトは目的達成のためのひとつの手段にしか過ぎないため、それらの改善施策は根本的な解決になっていない場合が多いです。

◇ ユーザーが目的達成したいコトの本質を見据える

問い合わせに関してユーザーにインタビューしてみると、「Webサイトで入力をするのは面倒なので、電話をして済ませたい」という発言が見られる場合が多くあります。電話が近道であるならば、トップページや各ページにお問い合わせ電話番号を大きく表示することを検討するべきでしょう（電話を繋がりやすくしておいた上で）。

しかし、ユーザーのインタビューをよく見てみると、“企業への問い合わせ”という大げさなことをせずに、「知ってそうな友達にとりあえず聞く」や「ネット関係は子どもの方が詳しいから息子か娘に聞いている」といった“人との会話”でまず疑問を解決しているという発言も出てきます。ユーザーは、すぐに答えを知りたいだけなので、ユーザーに企業Webサイトの問い合わせ画面で文字を入力させるのは最善策ではないということが分かります。

このようなユーザーの本心は、私たち自身を振り返ってみてもごく当たり前の気持ちなのですが、なぜ忘れてしまうのでしょうか？ それは、企業側としては画面構成やUIなどの操作シナリオから考えてしまっているから、すぐ自分中心の視点から発想するワナにうっかりはまるのです。

ユーザーの本音としての価値や行動は「すぐ答えが知りたいだけ、わざわざ文章を書きたくない」なので、ユーザーの価値や行動を解き明かしてから操作シナリオを考えるべきなのです。

4-3 価値のシナリオ

ペルソナの持つ本質的な欲求を満たすための、最小限のシナリオを考えます。

◇どのように価値のシナリオを書くのか

価値のシナリオを書くためには、新しい製品・サービスを企画する前提でユーザーを調査しペルソナを作ります。

価値のシナリオは、そのペルソナの本音や本質的な欲求に注目しそれを実現する最小限のシナリオのみを記述します。具体的にどんな製品・サービスを利用するかなどのディテールはまだ書かないため、抽象的でシンプルな文章となることが多いです。

似顔絵 / 写真とキャッチコピー

髪のうねりがコンプレックスな女子

基本属性

名前：桐谷さやか　さん
年齢・性別：　29 歳（女）
居住地：三軒茶屋（実家は横浜）
家族：一人暮らし
職業：ネット系メディアの営業

ヘアケアに関する行動

・コスメに関するブログなどのクチコミや SNS の情報をよく読んでいる。
・夜寝る前に髪をトリートメントしてケアしている。
・美容室に行った時に、美容師さんにヘアケア用品を勧められたものを使ったことも。（実際に効果があったから）

ヘアケアに関する目標

・とにかくクセ毛なので、うねりを抑えたい。
・特に、雨の日に毛がウネウネになってしまうので、家で整えた状態を会社までキープしたい。
・多少値段が高くても、効果があるヘアケア商品なら買いたい。

簡易なペルソナながら、リアリティがある

年　月　日

価値のシナリオ　テーマ　「新しいヘアケアの製品・サービスやWebサイトの提案」

ユーザーの本質的な欲求

天候に左右されず、自分が納得する髪型をキープしたい

▲

ユーザーの特徴

一人暮らしの独身女性（会社員・29歳）

雨の日は髪の毛が落ち着かない、クセがヒドい、雨が降ると自分が「カワイクない」と思ってしまうというコンプレックスがある
ヘアケアに関する情報の感度は高い
人の評価も気にするけど、自分が納得することが何より大事

▶

価値のシナリオ

どんな天候の日でも、常に自分の納得する髪型をキープできる

シーン

寝る前にトリートメントする

朝、ブロー・セットする

通勤中に髪型が気になる

職場で同僚と仕事をしているときも髪型が気になる

仕事帰りも髪型が気になる

NGシナリオ例

どんな天候の日でも、ヘアケア商品○△□とドライヤーを使って、常に自分の納得する髪型をキープできる

具体的な商品や道具を使うという「行動のシナリオ」が入っていてはダメ！

削ぎ落とされた価値のシナリオは、とても短い文章となることも

次に、その「価値のシナリオ」に沿ってユーザーが行動するシーンを思い浮かべ、ひとつひとつの行動を分解して端的に記載していきます。このシーンが、次の「行動のシナリオ」の基となります。

4-4 行動のシナリオ

ペルソナが本質的な欲求を満たすためにどんな目標を立て、どのように行動をしていくかを考えていきます。

◇どのように行動のシナリオを書くのか

行動のシナリオは、まずユーザーが何のために行動するのか、目標を簡単に記載します。次に、価値のシナリオで記述したシーンを文章の骨子としながら、ユーザーがどんな行動をしていくのか肉付けするように「行動のシナリオ」を記述します。

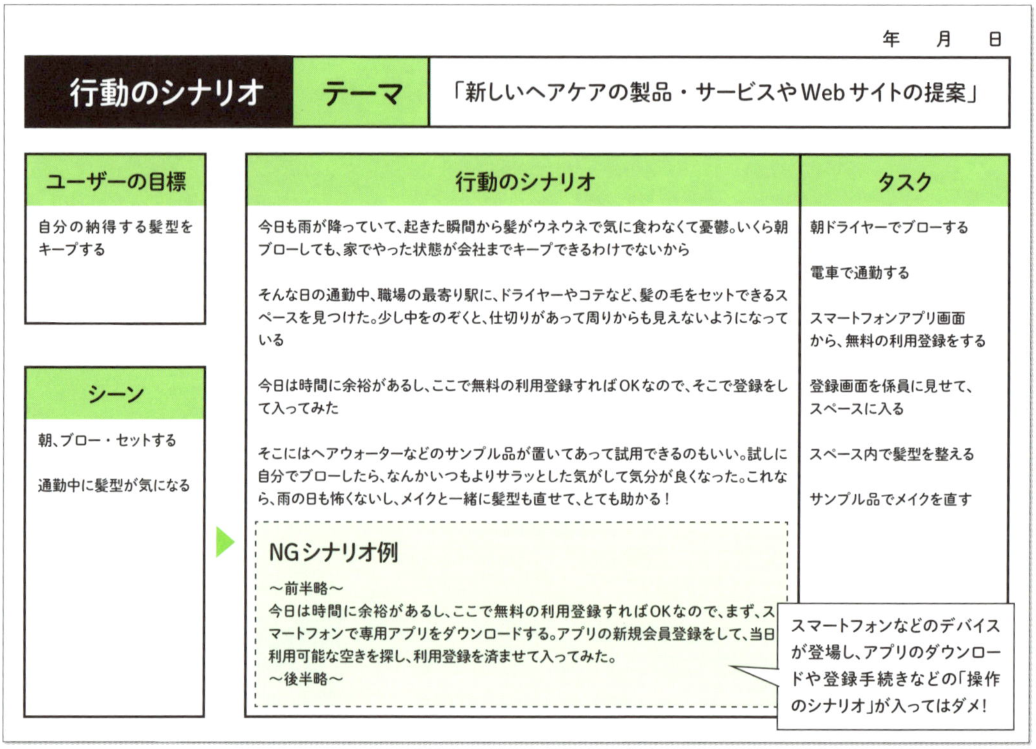

年　月　日

行動のシナリオ	テーマ	「新しいヘアケアの製品・サービスやWebサイトの提案」

ユーザーの目標	行動のシナリオ	タスク
自分の納得する髪型をキープする	今日も雨が降っていて、起きた瞬間から髪がウネウネで気に食わなくて憂鬱。いくら朝ブローしても、家でやった状態が会社までキープできるわけでないから	朝ドライヤーでブローする
	そんな日の通勤中、職場の最寄り駅に、ドライヤーやコテなど、髪の毛をセットできるスペースを見つけた。少し中をのぞくと、仕切りがあって周りからも見えないようになっている	電車で通勤する スマートフォンアプリ画面から、無料の利用登録をする
シーン	今日は時間に余裕があるし、ここで無料の利用登録すればOKなので、そこで登録をして入ってみた	登録画面を係員に見せて、スペースに入る
朝、ブロー・セットする 通勤中に髪型が気になる	そこにはヘアウォーターなどのサンプル品が置いてあって試用できるのもいい。試しに自分でブローしたら、なんかいつもよりサラッとした気がして気分が良くなった。これなら、雨の日も怖くないし、メイクと一緒に髪型も直せて、とても助かる！	スペース内で髪型を整える サンプル品でメイクを直す

NGシナリオ例

～前半略～
今日は時間に余裕があるし、ここで無料の利用登録すればOKなので、まず、スマートフォンで専用アプリをダウンロードする。アプリの新規会員登録をして、当日利用可能な空きを探し、利用登録を済ませて入ってみた。
～後半略～

スマートフォンなどのデバイスが登場し、アプリのダウンロードや登録手続きなどの「操作のシナリオ」が入ってはダメ！

行動のシナリオを書いているうちに、改善案や新しい施策案が思い浮かぶことも多いそして、次にその行動のシナリオに伴うユーザーが何らかの道具や製品・サービスなどを利用したり、画面などを操作したりする動作を“タスク”として端的に記述します。

行動のシナリオでは特定の製品名や機能名を挙げることや、Webサイトやアプリの画面のどこを押すというような具体的な操作を書いてはいけません。インターフェイスに関する操作を書いていると、あたかも実現しそうなリアリティのあるシナリオに思えて発想が広がらず、現状のWebサイトやサービスなどにシナリオが縛られてしまうためです。機器や画面に関する操作は、次の「操作のシナリオ」で書いていきますので、まだ我慢してください。

どうしても書く必要がある場合は、「○○できる仕組みを利用し……」や「○○できる機能を使い……」、「△△画面で□□操作をして……」などというように、特定の製品・サービス名や機能名に限定されないかたちで表現しましょう。

MEMO

「構造化シナリオ法」は、「価値のシナリオ」→「行動のシナリオ」→「操作のシナリオ」の順番で記述していくのが原則です。

ただし、最初に本質的な欲求を満たす「価値のシナリオ」が書けそうにないと思った方は、先に「行動のシナリオ」を書いてみることをおすすめします。これは、どうしても普段は製品・サービスの利用シーンなどを具体的に考えることが多いためです。
この点については、『エクスペリエンス・ビジョン』の著者である髙橋克実・早川誠二両氏も「構造化シナリオ法」のセミナーで同様のアドバイスをしています。

なお、「価値のシナリオ」の前に「行動のシナリオ」を考えていくのは問題ありませんが、最初に「操作のシナリオ」から書き始めるのはNGです。その理由は、6-1の「カスタマージャーニーマップが求められるわけ」でも述べていますが、設計者側の先入観や既存の製品・サービスなどに縛られ“あるべき姿”が狭まってしまうからです。

4-5 操作のシナリオ

ペルソナが目標を達成するために行動するにあたり、具体的にどのような製品・サービスを利用し、どのような道具やデバイスを使用して、どのような操作をするかを考えていきます。

◇どのように操作のシナリオを書くのか

操作のシナリオの段階では、製品・サービスの特定の機能名を入れたり、Webサイトやアプリの画面名やボタン名を挙げたりしながら具体的な操作を検討します。行動に伴う一連の操作を詳細化してシナリオに起こすことにより、後続プロセスである要件定義や機能定義などに繋げやすくすることができます。

年　月　日

操作のシナリオ	テーマ	「新しいヘアケアの製品・サービスやWebサイトの提案」

ユーザーの目標

自分の納得する髪型をキープする

タスク

スマートフォンアプリ画面から、無料の利用登録をする

登録画面を係員に見せて、スペースに入る

操作のシナリオ

①無料の利用登録の説明の看板を読み、専用アプリ（無料）が必要なことを知る。
↓
②看板にQRコードがあるので、スマートフォンで読み取ってアプリをダウンロードする。
↓
③アプリの新規会員登録はSNSのID連携ができるので、Facebook IDで登録するボタンを押して簡単に終える。
↓
④アプリ側がGPSを利用して、今いるスペースが自動的に表示されたので確認する。
↓
⑤アプリで今いるスペースの当日すぐ利用可能な空きを検索するボタンを押す。
↓
⑥アプリで検索結果画面に空きが見つかったので、すぐ利用登録ボタンを押す。
↓
⑦アプリに利用登録できます画面が表示される。
↓
⑧受付の係員に見せてください。という表示を読む。
↓
⑨受付の係員にアプリの利用登録画面を見せ、スペースに入る。

NGシナリオ例

〜前半略〜
↓
③アプリの新規会員登録は、簡単に終える。
↓
〜後半略〜

どのような方法で会員登録を簡単に終えることができたのか、具体的に書かれていないのはダメ。この例ではSNSのID連携をしているのが簡単な理由だが、そのような技術要素やUI要素（ボタン名や画面名など）も含めたい。

操作のシナリオでは、利用するデバイスの機能やWebサイトの細かなパーツ類までイメージ

行動のシナリオでは“コト”のシナリオを考え、操作のシナリオでは“モノ”のシナリオを考える、と頭の中を整理すると書き分けやすくなると思います。

◇操作のシナリオの代わりに、画面構成を書くことも

操作のシナリオでは、インターフェイスの操作を箇条書きにしていきますが、その検討はもはや画面要素自体を考えているに等しいため、画面構成をポンチ絵（概略図）に手書きすることで代用も可能です。

実際のプロジェクトではスケジュールの余裕があまりない場合が多いため、行動のシナリオを一通り書いた後、操作のシナリオの代わりに画面構成を書くケースも多いです。ただし、2章で紹介している「ユーザビリティ評価」のためのシナリオ作成の場合は、操作のシナリオをしっかり書きあげる必要があります。

ディレクターなど設計経験のあるメンバーは、操作のシナリオを手書きのワイヤーフレームで書き進めたほうが早い場合も

価値→行動→操作の3枚のシナリオシートの記述手順をまとめると、下記のようになります。ひとつの価値のシナリオから複数のシーンが生まれれば、複数枚の行動のシナリオを書き、行動のシナリオに複数のタスクが生まれれば複数枚の操作のシナリオを書いていきます。

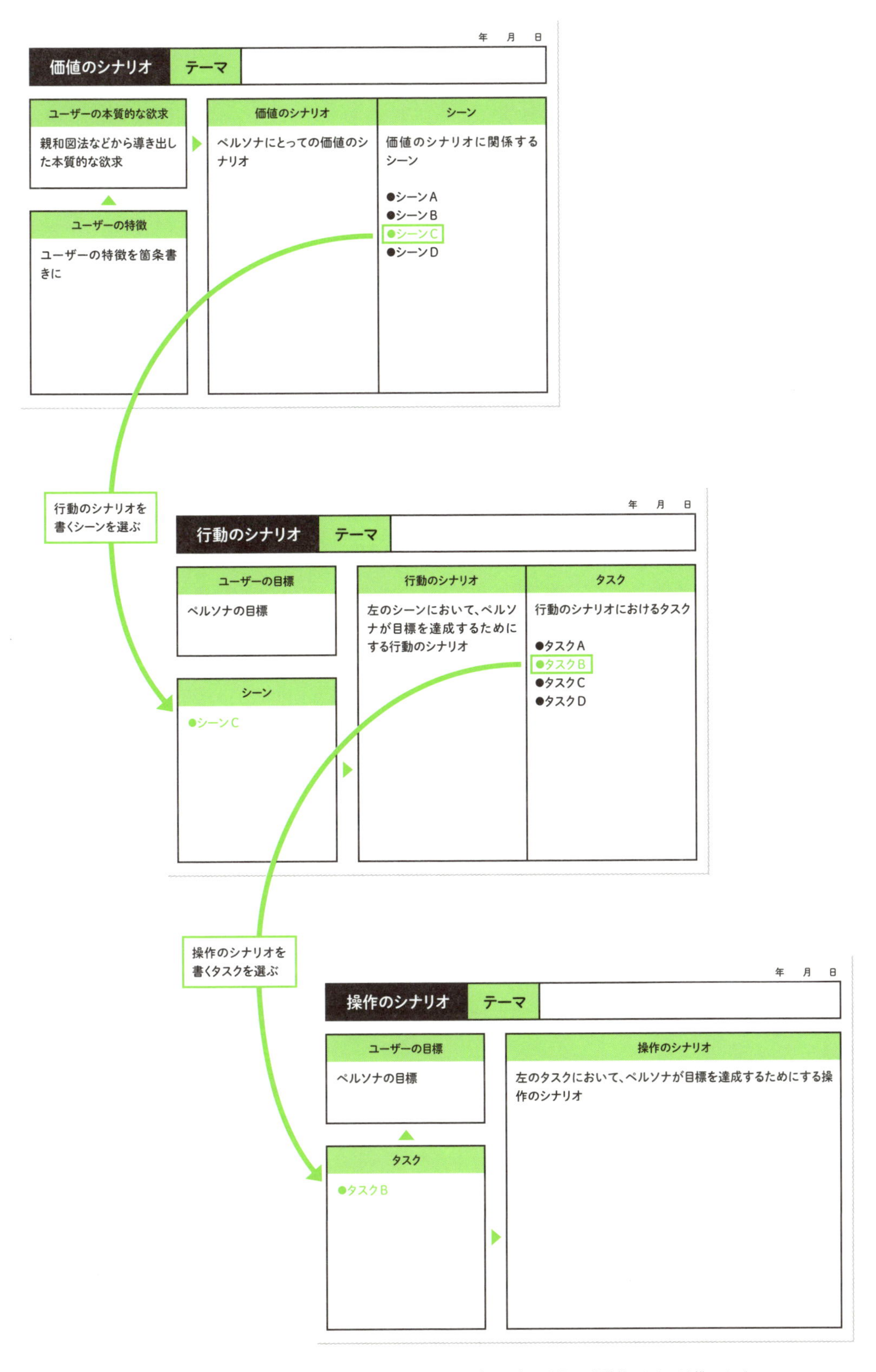

ペルソナの本質的な欲求が満たされることを価値として、行動の「シーン」や、操作の「タスク」に分解して段階的にシナリオを描いていく

4-6 シナリオを考える練習

構造化シナリオ法の練習は、実際の仕事と同様に何らかの新しい製品・サービスやWebサイトなどを企画提案する想定で、実際にユーザーの調査と分析から始め、ペルソナを作成してシナリオを検討します。

◇実際にユーザーを“現状の姿”を知り、“あるべき姿”を「構造化シナリオ法」で考えてみよう

構造化シナリオ法の練習のためには、実際の仕事と同様に、何らかの新しい製品・サービスやWebサイトなどを企画提案する想定で、実際にユーザーの調査と分析から始めると大変効果的です。

この章では、IMJ社内で初心者向け構造化シナリオ法講座を実施した時にテーマとした「新しいヘアケアの製品・サービスやWebサイトの提案」で練習を進めます。もちろん、皆さんの仕事上の課題や関心のあるテーマを設定しても構いません。

①インタビューでデータを集める

まずユーザーの調査を実施しデータを集めるところから始めます。本格的な調査でなくても構わないので、同僚の誰かをつかまえて、「普段どのようにヘアケアをしているか？」をテーマにインタビューをしてみましょう（インタビューの進め方は5-1を参照ください。私たちの社内講座でも、「ペアインタビュー」といって、二人ペアとなり一人20分で交替でインタビューする時間をとっています）。

②親和図法で“本質的な欲求”を見つけ出す

次にインタビューで集めたユーザーの声を付箋に書き、親和図法（5-5参照）で“本音”や“本質的な欲求”を見つけ出します。通常は複数名のワークショップ形式で実施するのが望ましいので、こちらも同僚の誰かを誘って1時間程度もらい分析をしてみてください（インタビューやワークショップをする同僚がいない、そのような時間がとれないという方は、次ページの分析例を基に進めてください）。

③簡易ペルソナを作成する

インタビューをした相手のプロフィールと、親和図法で分析をした結果をベースとして、簡易なペルソナを作成します（ペルソナを作成する時間がないという方は、4-3のペルソナ例を基に進めてください）。

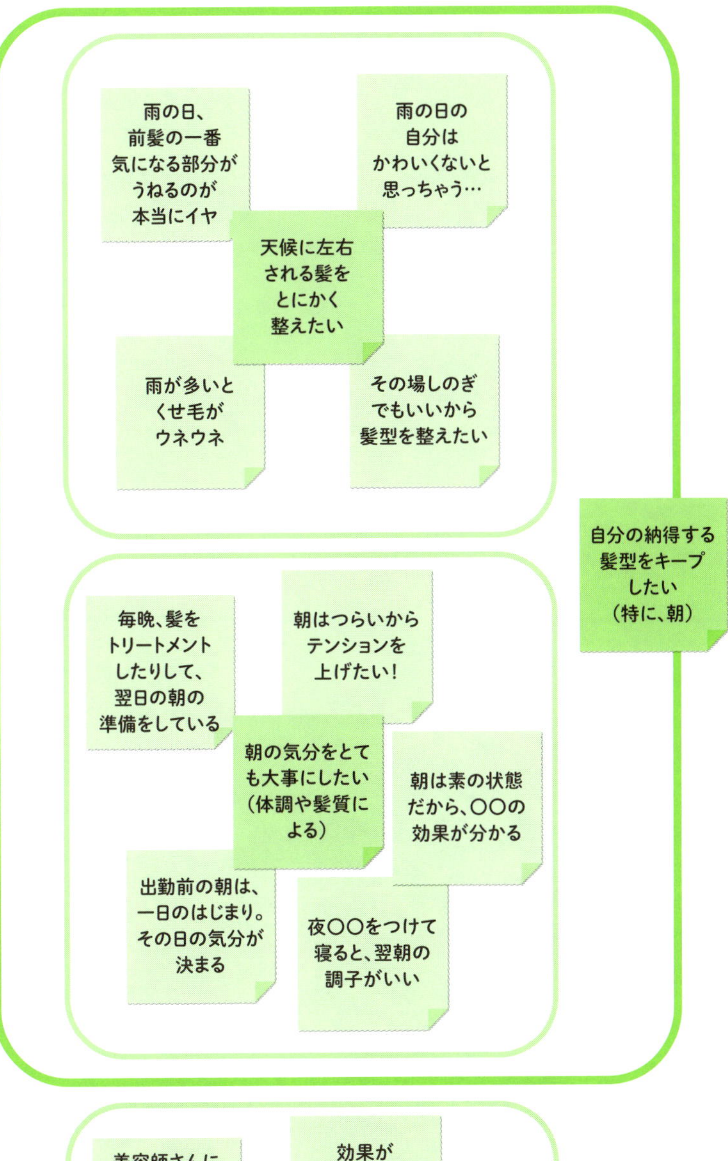

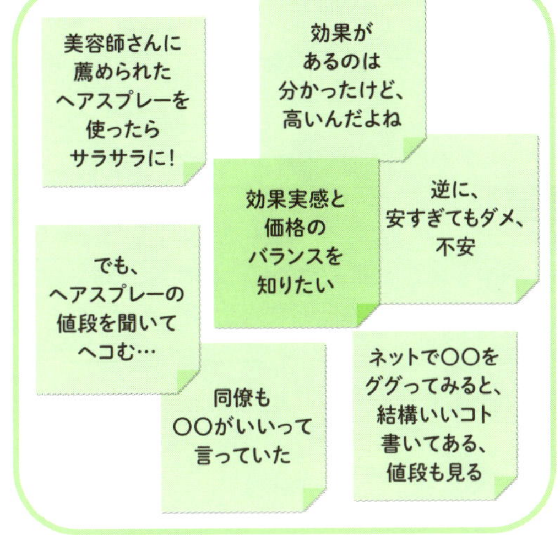

少ない時間でインタビューした結果からでも親和図は作れるので練習してみよう。

④「価値のシナリオ」を書く(テンプレートあり)

1. 基本的に、親和図法で導き出した「本質的な欲求」が満たされることがシナリオの軸となりますので、「ユーザーの目標」にそれを端的に書き込みます。そして、その目標が達成されるように「価値のシナリオ」を考えてみましょう。ここでは、まだ、製品・サービスの名前や具体的なユーザーの行動や操作は書きません。
2. 価値のシナリオができたら、右側の欄にそのシナリオを実際の利用シーンとして落とし込み、複数のシーンとして書き起こします。

⑤「行動のシナリオ」を書く(テンプレートあり)

価値のシナリオの右側に書いた利用シーンのひとつを選び、以下のポイントを押さえて「行動のシナリオ」を考えてみましょう。具体的な製品や機能、Webサイトやアプリの画面操作などは、まだ書きません。

- どんなユーザーなのか?
- どんな状況で?
- どんな目標を達成したいのか?
- その目標は達成できたのか?
- その目標の達成のための時間や手間はどれくらいか?楽だったか大変だったか?
- その目標の達成する中で満足感はあったか?どんな気持ちになった?

⑥「操作のシナリオ」を書く(テンプレートあり)

価値のシナリオができたら、そのシナリオでユーザーが接する具体的な製品や機能、Webサイトやアプリの画面のインターフェイスについて詳細に「操作のシナリオ」を書いてみましょう。まだ世の中にない製品・サービスやWebサイトなど画面操作が伴う場合は、「○○サービスをスマートフォンで検索し、トップ画面の□□ボタンを押して」というように仮の名前を付けて書き進めてください。

4-7 構造化シナリオ法のツールキット

簡易版のテンプレートをA3印刷して、手書きで構わないのでシナリオを書きながら練習をしてみよう。

◇構造化シナリオ法 簡易版テンプレート

初心者の人が正式な構造化シナリオ法を実践するのは難易度が高いため、簡易版テンプレートを用意しました。ダウンロードは以下のURLへアクセスしてください。

URL https://www.shoeisha.co.jp/book/download/9784798143330

年　月　日

価値のシナリオ	テーマ	

ユーザーの本質的な欲求

ユーザーの特徴

価値のシナリオ	シーン

価値のシナリオ　テンプレート

年　月　日

行動のシナリオ	テーマ	

ユーザーの目標

シーン

行動のシナリオ	タスク

行動のシナリオ　テンプレート

年　月　日

操作のシナリオ	テーマ	

ユーザーの目標	操作のシナリオ
タスク	

操作のシナリオ　テンプレート

MEMO

正式な「構造化シナリオ法」では下記8種のテンプレートを用います。

1. プロジェクトの目標 テンプレート
2. ユーザーの本質的な欲求 テンプレート
3. ビジネスの提供方針 テンプレート
4. ペルソナ テンプレート
5. バリューシナリオ テンプレート
6. アクティビティシナリオ テンプレート
7. インタラクションシナリオ テンプレート
8. エクスペリエンス・ビジョン テンプレート

なお、これらはこの章の冒頭で紹介した『エクスペリエンス・ビジョン　ユーザーを見つめてうれしい体験を企画するビジョン提案型デザイン手法』（2012年／丸善出版）を購入し、使い方をよく学んだ上で以下のURLからダウンロードして利用ください。
https://bta1315.secure.jp/~bta1315005/tpl_download/tpl_download.html

4-8 シナリオは誰かに読んでもらい客観性を保つ

自分で書いたシナリオを読んでいると、なかなか"いいシナリオ"のような気がしてしまいます。同僚や友達などに読んでもらい、客観的な意見を聴きましょう。

◇シナリオを他人に読んでもらい違和感を正そう

自分で書いたシナリオの詰めの甘い部分を自ら気づくことは難しいものです。そのようなシナリオの"穴"を簡単に見つけるには、同僚や友達にシナリオを読んでもらうのが早道です。他人の目を通して、率直におかしいと思うシナリオの展開を指摘してもらい、改善していくのは実にUXデザイン的なやり方です。

私たちも、構造化シナリオを考える際に一人で実践することは少なく、何名かでシナリオ案を複数書いた後、お互いに発表して意見を交わしてブラッシュアップすることはよくあります。そして、どのシナリオが良いかメンバーで投票したり、クライアント側にもレビューしてもらったりして、シナリオの客観性を保つ努力をしています。

MEMO

シナリオ通りにユーザーは行動し体験するのか？ UXデザインの中上級者向けですが、これを簡易に確かめる方法があります。それは、「行動のシナリオ」を声に出して演じてみることです。とはいえ、人前で演じるのは照れてしまいやすいため、仲の良い同僚や友達に頼むなどして実践してみてください。

写真は、私たちの社内講座でシナリオを声に出して演じている様子です。登場人物（ペルソナ）になりきってシナリオの流れで行動して、発話する部分は声に出して喋り、相対する人とのやり取りをしたり、この時にこういう気持ちになるというような内面の感情も話したりします。また、何か新しい機器を操作するシーンであれば実際には存在しないものを仮に使っているふうに演じれば良いので、準備も要りません。

文章上の仮説であるシナリオを、実際に演じる＝プロトタイピングをするという検証方法もあるのです。

即興でシナリオを演じ、声だけでなく身振り手振りで表現している様子

仕事として実施するための機会の作り方

こっそり練習	一部業務でトライアル	クライアント巻き込み
★★	★★★	★★★★

「こっそり練習」を始めるには?

Web サイトやアプリの画面設計をしたことがあれば、練習は始めやすいでしょう。過剰な手続きを踏んでいるように感じられるかもしれませんが、ひと手間かけることで見えていなかったシナリオが見えてきます。

「一部業務でトライアル」をしてみるには?

構造化シナリオ法を利用する範囲を画面数などで制限していたり、実装する機能が既に細かく決まっていたりする場合は効果が出にくくなります。取り組むプロジェクトは、要件定義や設計のタイミングのものを選びましょう。

「クライアントを巻き込む」には?

この手法は多くの場合、お任せしたいラインを越えているので、クライアントに一緒に議論に参加してもらい構造化シナリオ法自体を理解してもらえるケースは限られるというのが実感です。

ただ画面設計の論拠について細かく論理的な説明が求められるケースや、主要な画面群は簡単に作り替えられないので間違いのない画面設計をしたいケースなどでは、クライアントと共にシナリオを考えることもあると思います。

構造化シナリオ法の“事例紹介”

構造化シナリオ法は、あるべき姿の企画案を出すときや設計段階で詳細な要件を組み込むときにも利用できます。その2つのタイプを、実際の事例でご紹介します。

【ライト級】構造化シナリオ法の事例とプロセス

<プロジェクトデータ>

期間	全稼働	体制
1週間	4人日（32時間）	ディレクター×1人 プランナー×2人 HCD専門家×1人（構造化シナリオ法のアドバイスのみ）

<目的>

美容系のクライアントに対する自主的な提案に、女性ならではの美容ニーズをとらえたWeb・リアルを問わない企画アイデアを盛り込む。

<プロセス>

<ポイント>

自主提案で予算はないため、社員同士のペアインタビューによって定性データを集め、少人数ワークショップによって親和図を作成し、簡易なペルソナとともに手書きで「価値のシナリオ」と「行動のシナリオ」を複数案検討し企画アイデアに繋げた。なお、企画段階のため「操作のシナリオ」は割愛した。

4章 ペルソナから画面までをシナリオで繋ぐ

年　月　日

価値のシナリオ　**テーマ**　「新しいヘアケアの製品・サービスやWebサイトの提案」

ユーザーの本質的な欲求

感度の高い仕事仲間に囲まれているなか、自分が置いていかれないために、新しい情報や商品を常に知っている素敵な人だと思われたい。

ユーザーの特徴

都内で一人暮らしの独身女性
(会社員・35歳)
・編集や取材の仕事で、いろいろな人や仕事仲間に会う
・美容に関する情報の感度は高い
・毎日のお肌のケアは欠かさない
・仕事柄ネットは毎日利用し、SNSもかなり使っている
・人に会う仕事のため、世間のニュースや商品の評判などを、ネットの記事でよく読んでいる

価値のシナリオ	シーン
仲の良い同僚に対して、自身が提供した話題・商品で盛り上がり、うれしさを感じる。	仲の良い同僚との女子旅の準備をする。 宿に泊まるとき用のスキンケア商品を選ぶ。 女子旅のなかで、自分が持ってきた商品にみんなの関心が集まる。

価値シナリオ

年　月　日

行動のシナリオ　**テーマ**　「美容品の製品・サービスやWebサイト提案」

ユーザーの目標

仲間のなかで、自身が情報提供したことで盛り上がり、うれしさを感じる。

シーン

宿に泊まるとき用のスキンケア商品を選ぶ。

女子旅のなかで、自分が持ってきた商品にみんな関心が集まる。

行動のシナリオ	タスク
久しぶりに、仲の良い同僚と女子旅をすることになった。いつも使っているボトルの乳液だと重いので小さいサイズが欲しい。 まずはコスメ系クチコミを探し、旅行用の小さいサイズをいろいろ探していると、○○という手のひらサイズのチューブの商品の評判が良い。とにかくカワイイし、乳液とセットで使うと効果が高いらしく、とても気になる。まだあまり世間で知られていない商品のようで、最寄りのドラッグストアで売っていない。なので、公式サイトで購入。 そして、女子旅で温泉に入ったあと、化粧水を付けながら、「これだけだと乾燥しそうだよねー」という友人Aに対し、「こういうのあるんだよ」と○○を見せると、「えー、カワイイ!」とみんなが群がる。盛り上がりながら肌に付けてみるとしっとりしてなかなか良いと評判に。みんながいいって言ってくれて良かったと思う。	(今回は、操作のシナリオまでは作成しない)

行動シナリオ

【ヘビー級】構造化シナリオ法の事例とプロセス

<プロジェクトデータ>

期間	全稼働	体制
4週間	20人日（160時間）	ディレクター×1人 デザイナー×1人 HCD専門家×1人

<目的>

クライアント企業内のイントラ業務ツールの改善にあたり、現状ツールに関連する業務プロセスをモデル化し、その新しい業務ツールの設計に構造化シナリオ法を取り入れ、利用者にとっての使いやすさと業務効率を向上させる。

<プロセス>

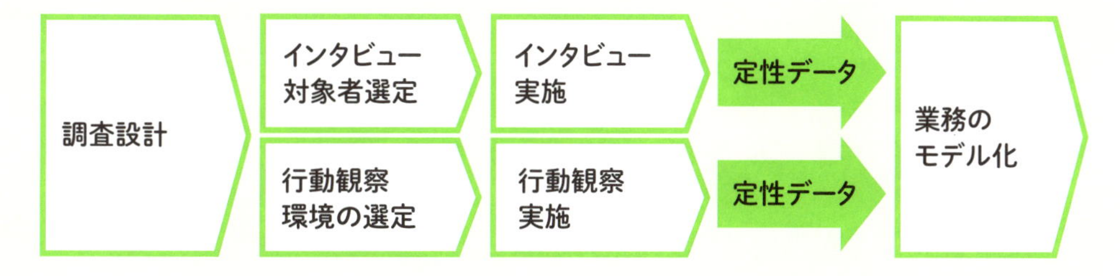

<ポイント>

利用者のインタビューとともに現場の行動を観察させてもらいリアリティのあるペルソナを作成したことで、業務の実態に即したシナリオを作成することができた。また、「操作のシナリオ」の代わりにラフなプロトタイプを作成してレビュー実施することで時間短縮を図った（なお、この本に掲載している構造化シナリオ法のテンプレートとは記載項目などが若干異なる）。

価値のシナリオ

ターゲットユーザー
自社業務をよく知り、営業をバックアップする事務員

ユーザーの特徴	ユーザーの本質的な欲求
・28歳、女性 ・入社4年 ・パソコンは比較的詳しい ・社員からの評価は高い ・根っからのおせっかい ・少し、そそっかしい面も ・現在の社内システムに不満はない	営業から依頼される仕事を的確に事務処理することで喜ばれたい。 喜ばれると、自分もうれしい。

価値のシナリオ	シーン
○○業務の手間が省け、効率良く事務処理ができるようになる。	(シーン3) 必要な参照データをすぐに見つけることができるため、検索する時間などを減らすことができる。 (シーン4) 事務経験の少ない社員でも、○○業務の学びが早くなる。

行動のシナリオ

ユーザーの目標	ペルソナ
営業から依頼される仕事を的確に事務処理することで喜ばれたい。喜ばれると、自分もうれしい。	自社業務をよく知り、営業をバックアップする事務員 ・28歳、女性 ・入社4年 ・パソコンは比較的詳しい ・社員からの評価は高い ・根っからのおせっかい ・少し、そそっかしい面も ・現在の社内システムに不満はない。

シーン	行動のシナリオ	タスク
(シーン3) 必要な参照データをすぐに見つけることができるため、検索する時間などを減らすことができる。	○○業務に関連するファイルやデータは目に見えるところにあるので、それらを確認しながら事務処理をすばやく終えられる。 そのため、営業マンから急ぎの電話が掛かってきたときでも、すぐに対応して的確な回答をすることができ、営業部門への連絡も早く楽にできるようになる。	1. 営業マンから急ぎの電話を受け取る 2. 関連するファイルやデータを、△△画面から即座に参照する 3. 折り返し、営業マンに回答の電話をする 4. 担当の営業部門にも、△△画面の□□通知機能で本件の共有をする 5. ○○業務の事務処理を終える

5章

ユーザー調査を行う

4章ではシナリオについて学びましたが、その中でユーザーの“価値”や“行動”を把握することの重要性がご理解いただけたと思います。このような「ユーザーの本音」にあたる部分は私たちの想像や推測の域を大きく超えることが多く、これをデータとして集めて活用するにはユーザーに直接聞いてみるのが一番の早道です。この章では、そのようなデータをいかに上手に集めるか、そしてどのようにして有効活用できる形にするのかを学んでいきます。

written by 太田 文明（株式会社アイ・エム・ジェイ）

ユーザー調査とは?

ユーザーが本当はどんなことを思っているのか、ユーザーの“本質的な欲求”はどこにあるのか、それを特別な方法を用いて「ユーザーに直接聞く」のがユーザー調査の考え方です。

ユーザー調査は、日常の当たり前の中に潜む「本人も気づいていない課題」や「密かに感じていた価値」など、なかなか表面化しないユーザーの心の声を明らかにしたい場合に向いています。

まずユーザー調査について学ぶ前に知っておいていただきたいのは「普通に聴くだけでは本音の部分はほとんど出てこない」ということです。

表面的な発言＝キラキラデータ

このように、人は知らず知らずのうちに「大事なこと」「必要なこと」を選んでいます。このように表面的なデータを筆者は「キラキラデータ」と言っていますが、これらは新しい発見がほとんどなくあまり役に立たないデータです。

反面、UXデザインにおけるユーザー調査では「本人ですら大事だとは気づいていなかった本音」の部分をとても大切にします。この部分は（キラキラデータに対し、こちらはダークサイドと言ったりしますが）なかなか表には出てきませんし、そもそも隠れた本音があることにすら気づかないことが多いのです。

そこで、そのような本音の部分を探りだす方法としてのユーザー調査の方法をご紹介します。ユーザー調査は大きく分けて、次の2段階の作業があります。

・前半戦：インタビューなどでデータを集めるステップ（データ収集）
・後半戦：分析を行いユーザーの本音を探りだすステップ（データ分析）

本章では、前半戦としてデータを収集するための「感情曲線インタビュー」「弟子入りインタビュー」の2つのインタビュー方法を、後半戦としてデータを分析するための「親和図法」を、それぞれご紹介します。

ユーザー調査のアウトプット例

「感情曲線インタビュー」では、下の図のようにユーザーの感情（テンション）の上がり下がりに沿った発話を記録したものがアウトプットになります。

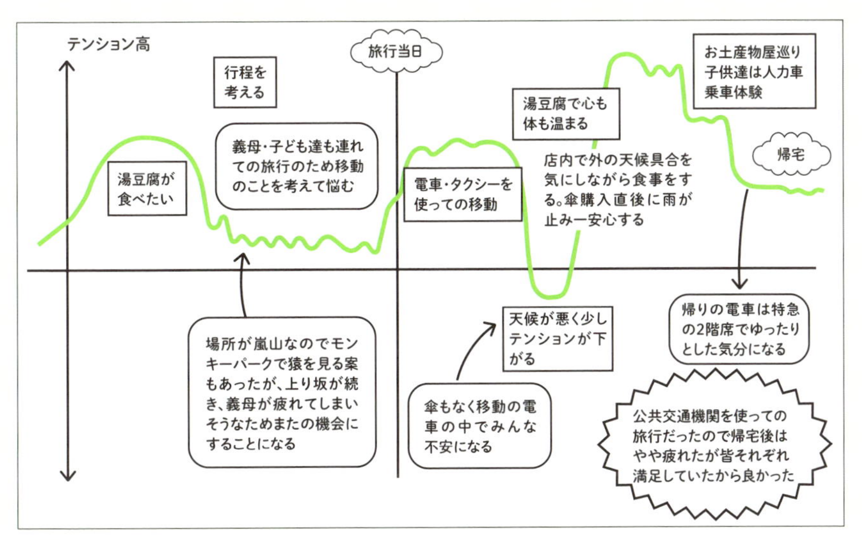

感情曲線インタビュー

「弟子入りインタビュー」では、記録者が取った文章や録音・録画したデータがアウトプットになります。

また、「親和図法」では、付箋や模造紙を使った分析ワークショップの結果（ウォール）そのものが成果物になります。

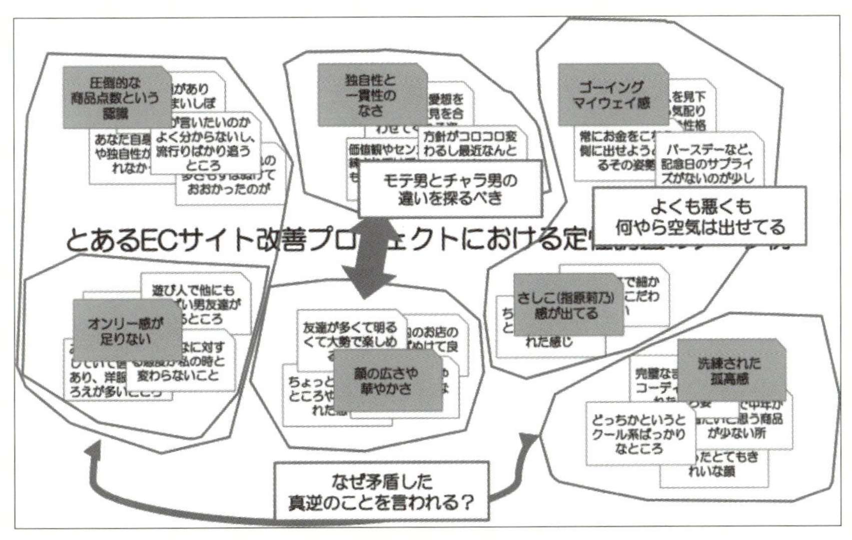

親和図法

仕事として実施するユーザー調査

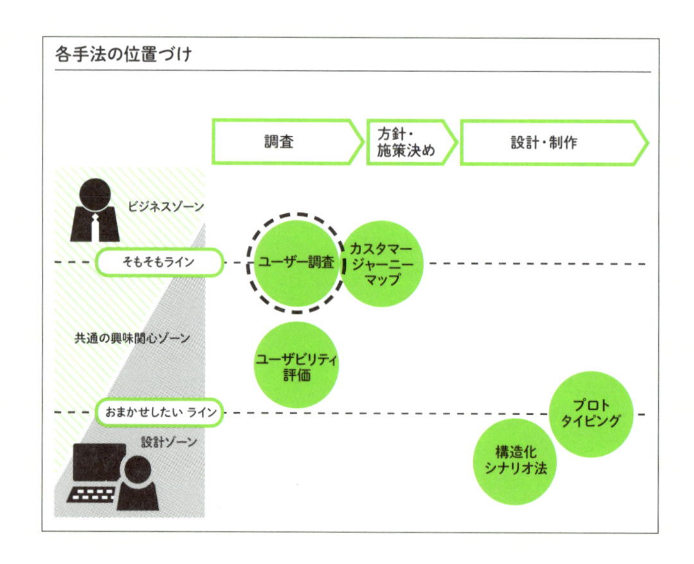

ユーザー調査は、設計・制作フェーズにおいて「そもそもライン」をまたぐ場所に位置しています。ユーザーの本音にどんどん迫っていくことができるため、Webページのあり方そのものを基礎から考えることができますが、調査が上手くいきすぎて「そもそもWebページは必要なのだろうか？」といった課題が出てきてしまうこともあります。

Webサイトで解決できるユーザーの課題にだけ着目すればよい、というプロジェクトであればこのようなそもそも論は不要です。もしプロジェクトの目的を超えるような課題が発見されたとしても、それは慎重に取り分けて「参考まで」という格好にしておきましょう。

〈仕事としての始めやすさ〉

こっそり練習	一部業務でトライアル	クライアント巻き込み
★★	★★	★★★ (★★★★)

実は、ユーザー調査は一人でこっそり練習することがとても簡単です。「インタビューをするのだ」と身構えるのではなく、知り合いや同僚の人に「ちょっとお話を聞かせてください」とお願いして、たとえばカフェでコーヒーを飲みながら、といった気軽なシチュエーションで行っても十分な質と量のデータが得られます。

知り合いが相手であればたとえ失敗しても問題ありませんし、もしかしたら「ちょっとやってみただけでも、こんなに新しい情報が得られた」という驚きがすぐにあるかもしれません。こうした気軽な活動をこっそりじわじわと仕事に活かしていくことで、いつのまにかユーザー調査の重要性が理解されていくことは多くあります。

まずは茶飲み話から、気軽に始めてみましょう。

5-1 データ収集を行う

ユーザーは、自分自身の欲求を全て正しく理解しているわけではありません。まして、それを言葉に表して私たち作り手に正しく伝える技を持っているわけでもありません。しかし、そのようなユーザーが望んでいるものは何なのか、何をどのようにお届けすれば喜んでいただけるのか、成否を握り、審判をするのやはりユーザーなのです。

◇質問するのではなく「教えてもらう」

インタビューというと、細かい質問リストを事前に作成して順番に答えてもらうようなイメージを持つかもしれません。調査の目的によってはそのような方法を採用することももちろんありますが、ここではそのような一問一答式のインタビューは行いません。

UXデザインにおいては、事前の思い込みや仮説から一旦離れて「今まで見えなかった大事なこと」を発見することをユーザー調査の目的とします。事前に用意できるような質問に答えてもらうだけでは、事前に分かっていたことを確かめることにしかなりませんので、ここでは「事前には想定できないようなことを話してもらう」方法が必要になります。

そこで、ここでは「質問する」のではなく「教えてもらう」という風に、考え方を変えてみることにします。

◇「感情曲線インタビュー」で思い出話を聴いてみよう

もちろん、ただ「教えてください」といっても相手は困ってしまいます。相手は教えるプロではありませんし、普通の会話と同じように話の糸口や流れを作らないと何も引き出すことはできません。

実は、どんな人でも話しやすいものに「思い出話」があります。皆さんにも思い当たることがあると思いますが、過去のことを振り返りながらぽつりぽつりと話をするのは、話す側にとっても聞く側にとっても大変楽しいものです。

この楽しさを利用したユーザー調査の手法としてまずおすすめしたいのが、最初にご紹介する「感情曲線インタビュー」という方法です。感情曲線インタビューでは、調査対象となるユーザー自身に感情曲線と呼ばれるグラフを描いてもらいながら、調査テーマに即した思い出話をしてもらいます。

実際にこのインタビューを行った際に、ユーザーが描いたグラフがこちらです（実データなので、個人情報保護などのため、ところどころモザイクを入れています）。

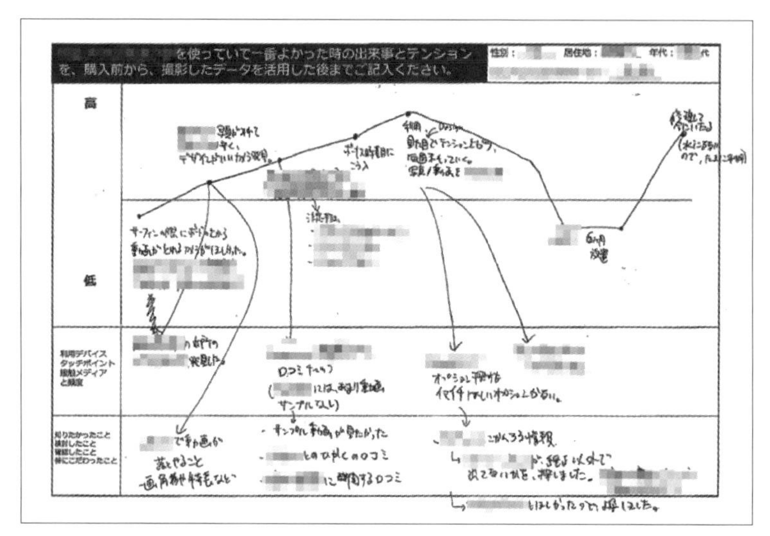

感情曲線インタビューの記録例

ここでは、あるWebサービスを利用した時のことを思い出してもらいながら、このような折れ線をユーザー自身に描いてもらっています。時間の進行に沿って左から右へと進みながら、感情（テンション）の上下が表現されています。

感情曲線インタビューには、以下の３つのコツがありますので覚えておきましょう。

折れ点で何があったのかを聞き出す

感情の上がり下がりが起こったポイントでは、きっと何かが起こっています。グラフが下向きになっている箇所には何か課題が隠れているかもしれませんし、逆に上向きになっている箇所には思わぬ価値を感じているかもしれません。これらはいずれも「今まで見えなかった大事なこと」のヒントに繋がる可能性があります。

前後の部分も聞き出す

人は、突然Webサイトを訪れるわけではありませんし、Webサイトを利用しっぱなしにするということもありません。きっかけや感想など、訪問の前後の時間に起こることを把握することも非常に重要です。

ありのままの行動を聞き出す

ユーザーが「思ったこと」と「取った行動」は別のデータとして扱いましょう。「思ったこと」にはユーザー自身による脚色があるかもしれませんが、「取った行動」にはウソがありません。なるべく「ありのまま」のデータを集めることが重要です。

5-2 ユーザーに「弟子入り」してインタビューを行う

しかしユーザーにしてみれば、すんなり思い出せるようなことばかりではありません。インタビュアーがちょっと工夫をすることで、ユーザー自身も気づいていないような部分に立ち入った話を聞くことができます。そのやり方が「弟子入りインタビュー」で、あなたもぜひ“ユーザーに弟子入り”してみましょう。

◇さらに深掘り「弟子入りインタビュー」

先ほどは、感情曲線インタビューでユーザーに教えてもらうきっかけを作ることができました。思い出話をベースに、ユーザーがWebサイトを利用する時に起きていることが徐々に見えてきているはずです。

あるいは、実際にWebサイトを使っているところを見ていて「あれ？どうしてそんな操作（行動）をしたのだろう？」といったような、別の“話のきっかけ”を見つけることがあるかもしれません。

この“発見したきっかけ”を利用して、さらにインタビューで深掘りをしていくことができます。それが次にご紹介する「弟子入りインタビュー」です。

UXデザインの原典と言われる『CONTEXTUAL DESIGN』（Hugh Beyer, Karen Holtzblatt著）という書籍があります。残念ながら邦訳はありませんが、その中で提唱されているインタビュー調査方法“Master/Apprentice Model”というものがあり、樽本徹也氏が著書『ユーザビリティエンジニアリング ―ユーザエクスペリエンスのための調査、設計、評価手法―』のなかで“弟子入りインタビュー”と翻訳し紹介しています。本書で紹介するものはこれらと同じ考え方に基づく手法ですので、樽本氏の訳を用いて“弟子入りインタビュー”として説明していきます。

CONTEXTUAL DESIGN
著者：Hugh Beyer、Karen Holtzblatt
出版社：Morgan Kaufmann（1997年）
ISBN：978-1558604117

ユーザビリティエンジニアリング［第2版］
ユーザエクスペリエンスのための調査、設計、評価手法
著者：樽本徹也
出版社：オーム社（2014年）
ISBN：978-4274214837

5章 ユーザー調査を行う

弟子入りインタビューは、文字通り「ユーザーを師匠に見立てて、インタビュアーが弟子入りして教えを請う」ようなインタビュー方法です。

ユーザーに、実際にWebサイトを利用してもらいながら、あるいは先ほどご紹介した感情曲線インタビューの紙を見てもらいながら実施します。左の写真のようなイメージです。

そして「どうしてそのような行動（操作）をしたのですか？」「その時どのようなことが起きていましたか？」など、行動や言葉をひとつひとつ拾いながら新しい糸口を見つけて、どんどん質問していきます。

事前に用意した質問をするのではなく、その場で新しい質問を作りながら「ユーザーに教えてもらう」というやり方です。まさに弟子入りインタビューの名の通り「弟子が師匠に教えを請う」あるいは「師匠の技を、弟子が見ながら盗む」というようなイメージです。

弟子入りインタビューには、以下の４つのコツがあります。

◇ 1.「はい／いいえ」で答えられるような質問はしない

ついつい出てしまう「○○しますか？」「○○だと思いますか？」という質問ですが、これだと「はい」「いいえ」で答えられて、そこで会話が終わってしまいます。その先の「なぜ？」を集めるのが目的なので、少し聞き方を変えて「○○について“どう”思いますか？」「○○について“教えてください”」といったように、簡単には答えられないような形式で質問してみましょう。もしかしたら相手は「うーん……」と考えこんでしまうかもしれませんが、それは既に本人も気づいていない部分に立ち入っているからかもしれません。あえて助け舟を出さず、辛抱強く「教えて」もらいましょう。

◇ 2. 関係なさそうなことでもひとまず聞いてみる

その場で質問を作り出すインタビューなので、どんどん話が膨らんでいきます。すると、自分たちが調べたい本題から離れて、たとえばWebサイトの調査をしているのにぜんぜんWebに関係ないことまで話されてしまうことがあります。しかし、その場で関係ないと思っても後の分析で「実は関係があった」ということが分かることもあります。ユーザー自身には関係があることだから話してくれているんだ、と思って一旦耳を傾けてみましょう。

◇ 3. 脱線しすぎないようにコントロールする

とはいえ、あまりにも関係ないことが明らかな場合もあります。単なる「雑談」なのでは。おかしいな、と思ったら思い切って「それって……、この調査に関係あるんですかね？」と笑顔で聞いてください。話が本筋に戻ればよし、相手が「いや実は関係あるんですよ！」と言って説明してくれるならそれもよし、です。野放しにするのではなく、あくまで手綱はインタビュアーが引く必要があります。

◇4. 最後に質問「何か話しておきたいことはありますか?」

どんなにインタビューが上手でも、全てを聞きつくすことは不可能です。時間の制約もあるので、終盤になるとついつい根掘り葉掘り聞きたくなってしまったりします。ですが、最後はぐっとこらえて「最後に、これだけは話しておきたいということはありますか？」という質問をしてみましょう。

5-3 データ収集の練習

インタビューによるユーザー調査は、すぐにでも練習を始めることができます。昼休みや休日を利用して、まずは知り合いや友人と一緒に練習してみると、簡単ながらも非常に強力な調査方法であることが分かるはずです。

【共通】リクルーティング – 話してくれそうな人を探す

知り合いの人に、調査協力を依頼します。仕事の調査テーマに沿ったインタビューをすることが望ましいですが、本当に練習するだけなら仕事とは全く無関係なテーマで話を聞いても良いと思います。旅行サイトのこと、恋愛に関すること、最初は何でもよいと思います。

ただし、練習とはいえ「調査」ですので、データの利用目的などについては事前に説明して承諾を得ておきましょう。

【共通】スタート – まずは短く「オン」と「オフ」を切り替えて

最初は30分ぐらいの短いインタビューをしてみましょう。一人目は（慣れないうちは特に）必ず知人や同僚など、近い関係の方から始めます。

「感情曲線インタビュー」と「弟子入りインタビュー」に共通して言えることですが、インタビューを行う時間（＝オン）とそうでない時間（＝オフ）の切り替えを意識するように注意しましょう。一気に進めるのではなく「ちょっとやってみる」そして「ちょっと休む」を繰り返し、徐々に空気を作っていくようにするとやりやすいと思います。

【感情曲線インタビュー】描きながら「話してもらう」

感情曲線インタビューは「思い出話」のように話してもらう方法ですが、話しやすいように紙とペンを使って感情の起伏を描きながら話してもらいます。

こうすることで、話があちこちに飛んでしまったりせず、調査テーマに沿った流れのある話を聞くことができます。相手はきっと何かを思い出そうとしているはずです。そこですかさず「その時何があったの？」「どうして（テンションが）上がった（下がった）の？」と、思い切って聞いてみましょう。そこで話してくれたことは、その紙に直接書き込んでも良いですし、手元のメモや付箋などに書き出してもかまいません。

【弟子入りインタビュー】教えてリスト を準備しておく

感情曲線インタビューを既に行っているのであれば「一番テンションが高かったところと低かったところで何が起きていたのかをとことん教えて欲しい」というやり方がおすすめです。図の中で「教えてポイント」を探して、聞いてみるようなイメージです。

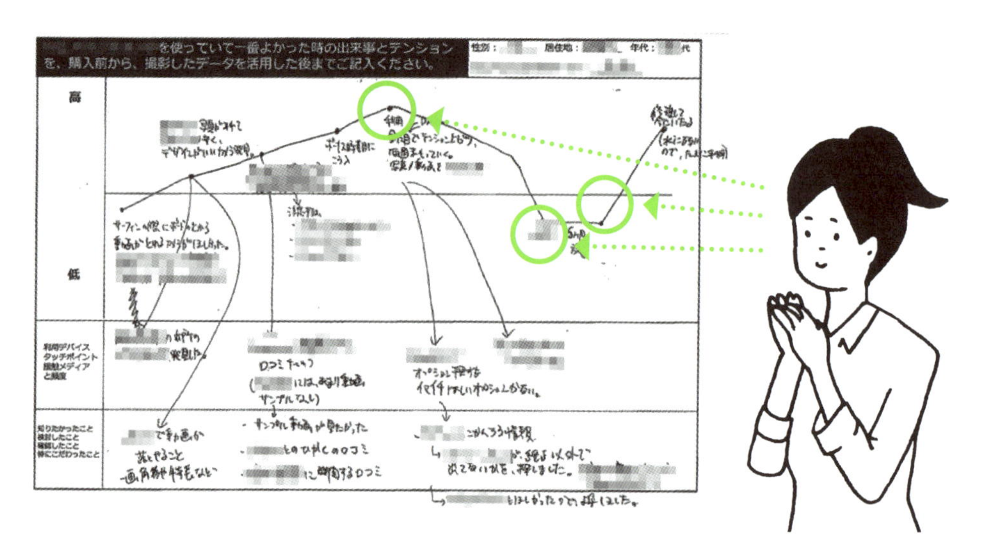

感情曲線が特に高かったり低かったりするところ、大きく折れ曲がったりしたところについて聞いてみよう

Webサイトを使ってもらいながら弟子入りインタビューするのであれば、以下のような基本的な“教えてリスト”を用意して、そこから徐々に話を広げていくようなやり方をしてみましょう。

- そのWebサイト（サービス）を使ってみようと思ったきっかけを聞く
- どれくらいの期間／頻度で使っているのか教えてもらう
- 目の前で実際に使ってもらいながら、感じたことをそのまま話してもらう
- 行ったこと、話したことに対して「えっどうして？」というツッコミ質問をする

実際にあなたが不思議に思ったことだけでなく、理由が推察できるところでも「えっどうして？」と聞いてみましょう。想像していたのと違う答えが返ってくるなど、思わぬ発見が得られることが多いので、ぜひ試してみてください。

【共通】とにかく全てを記録する

何気ない言葉や行動も、あとで分析する時に役立つかもしれないので、こまめに記録しておくことをおすすめします。

実は、初心者が一番犯しやすいミスとして「大事なことだけ記録しよう」として、選別や要約をした記録しか残さないというものがあります。何が大事か、あるいは大事でないのかは、データ収集の段階ではなくこの後のデータ分析の段階で判断することなので「とにかく全てを記録して持って帰る」くらいの気持ちでどんどんメモしましょう。

本当に不要な情報なら、後で捨てれば良いのです。

【共通】一度やったらすぐ振り返る

インタビューが上手くいったかどうかは、その場ではなかなか判断できません。まず一人のインタビューが終わったら、記録したものをすぐによく見て振り返ってみましょう。

下の例は実際のインタビューを記録したものですが、階層構造が平坦すぎることからあまり深掘りできていないことがよく分かります。

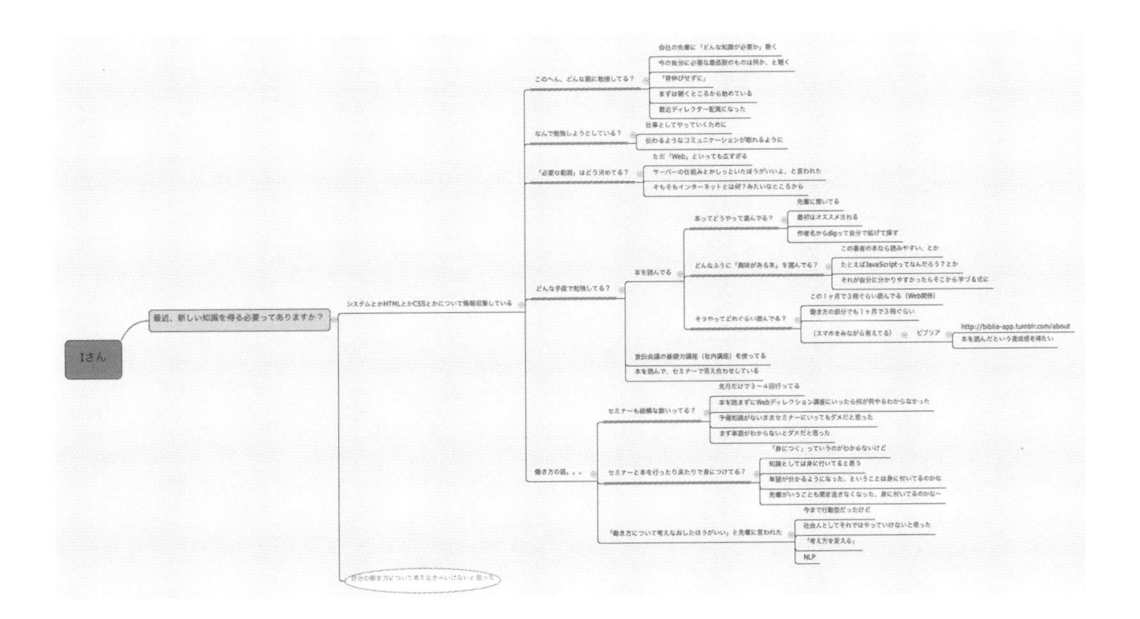

次の例は階層構造も深くなり、かつ広がりがある話が聞けた成功パターンです。このように、直後に記録を見直すことで次のインタビューでの改善のヒントが見つかります。一度で上手くやろうとせず、振り返りと改善を繰り返していきましょう。

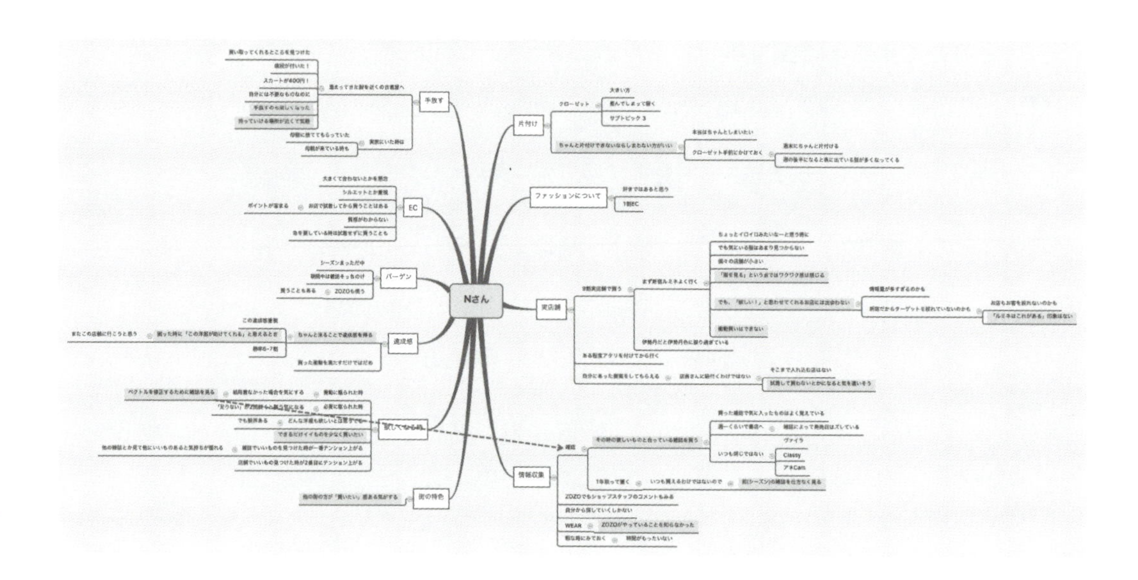

5-4 データ分析を行う

重要なのは、得られたものはユーザーが分析したり洗浄したりしていない生の定性データであるため、下ごしらえと調理が必要である、ということです。もし定性データの中に「〇〇のような機能を実現して欲しい」といったような具体的な要求や仕様についての文章が含まれていたとしても、それをそのまま真に受けない方が良いとも言えます。

◇ユーザーの言いなりでいいの?

たとえば、ECサイトの設計を行うにあたってユーザーの利用状況を調査しているとします。その中で、あるユーザーから「カートに保存している商品の価格が下がったら通知して欲しい」という具体的な指摘があったとしたら、どのように扱うべきでしょうか。ここでは「なるほどそれは便利そうな機能だから盛り込もう」とすぐには考えないところがポイントです。

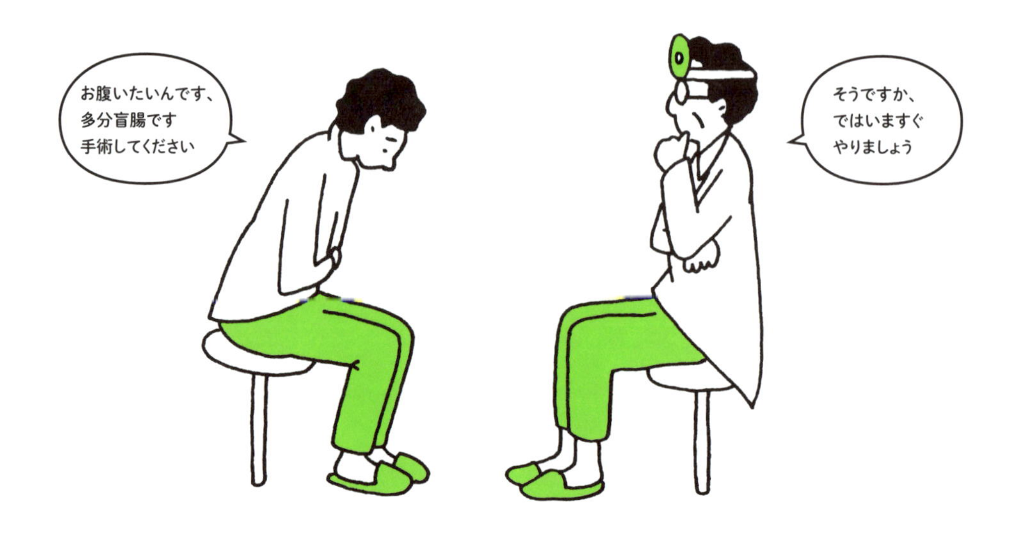

ユーザーがそのような要求をする背景には、必ず何らかの不満が潜んでいます。そして、その不満の解決案が指摘として上がってきたわけです。しかし、その解決策を鵜呑みにして良いのか、UXデザインにおいては一旦立ち止まって考えます。

このユーザーは、商品を1円でも安く購入したいと思っているのかもしれませんが、もしかしたら既に購入した商品の価格を未練がましく追いかけているだけなのかもしれません（衝動買いを後悔しているのかもしれません）。あるいは、価格情報サイトを運営するために単に調査をしているだけなのかもしれません。このような背景をユーザーの行動文脈とも言います。

ユーザーの要求にそのまま応えると直接ビジネスの成果に繋がるかというと、その背景（＝行動文脈）によっては必ずしもそうなりません。何よりも、売り上げに貢献しない要求をいくらWebサイトに盛り込みユーザーを満足させたとしても、ビジネスとしては意味がない、ということです。

◇ユーザーも気づいていない「本当の解決策」を探ろう

前半ご紹介したインタビュー手法で収集した定性データには、ユーザー自身も気づいていない「解決策のヒント」が含まれています。そのヒントを手がかりに、さらにユーザー自身が思いもよらなかった解決策を提供し喜んでいただくのが、私たちUXに関わる人の仕事であると言えます。

もし分析の結果現れたユーザーの本質的な欲求が「商品を買った後、同じものがもっと安く買えることに気づくのがとてもイヤだから底値を待ちたい」というものであるならば、ユーザーが言うような「カートに保存している商品の価格が下がったら通知する」という機能そのままではなく「一定期間、最低価格との差額が生じたらポイントとして還元する」とした方がユーザーの本質的な欲求が満たされ、かつ売り上げアップに寄与するかもしれません。あるいは「一度買った商品の価格が二度と表示されないようにする」という方法も考えられるかもしれません。

このように、UXデザインにおいては「ユーザーは、本当に望んでいることを、自分で意識していないから、言語化されてもいないのだ」という前提に立ち、不満の仕組みを解き明かす＝本音を探ることで、本当の解決策を導き出すことを心掛けなくてはなりません。

この本音を探る作業を、本書では「分析」と呼ぶことにします。

ではいよいよ、ユーザーの本音を探る具体的な方法、すなわち定性データの下ごしらえと調理の方法についてお話ししていきます。

5-5 親和図法について

ユーザーの言葉をそのまま鵜呑みにはできないなら、いったいどうやってインタビューで集めたデータを使って本音を探るのでしょう。ここでは、言葉の裏に潜む「暗黙知」の部分を探って発見していくための分析手法「親和図法」について概要を説明します。

◇定番の分析手法「親和図法」とは?

UXデザインと言えば、このように壁一面に貼り出された付箋を思い浮かべる人も多いのではないでしょうか？

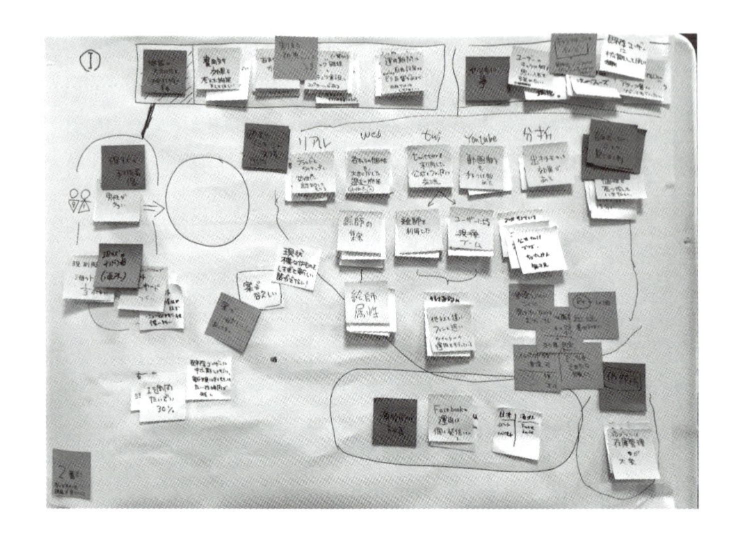

実はこれは、インタビューデータの分析において頻繁に用いられる手法であり、また基本的なスキルとして全てのUXに関わる人に習得していただきたい手法である親和図法による分析作業を実施している場面です。

ご覧の通りとてもアナログな作業ですし、もしみなさんの仲間がデジタル業界寄りであればあるほど「なぜわざわざ付箋などを使って、しかも手書きしなければならないのか」という疑問にさらされるかもしれません。しかし、この親和図法という方法で、このようにアナログな方法で用いることが最も効率が良く、また効果も出やすいのです。

本項では、その理由を明らかにし、具体的かつすぐ実施可能な方法を示し、今まで見えなかったユーザーの本音が見えるようになること、そしてその本音の部分についてプロジェクトメンバーの誰もが理解・納得できることを、すばやく実感していただきます。

◇親和図法の手順

まず、親和図法の進め方についてステップを知っておきましょう。

親和図法の4ステップ

1 データの「切片」を作る

2 1で作った切片で小グループを作り、見出しを貼り出す

3 2で作ったものを大グループ化し、図として整える

4 3で作ったものを文章に起こし、説明と解釈ができるようにする

それぞれのステップにちょっとしたコツのようなものがあり、また失敗しやすいポイントがありま

す。ここでは「説明」と「練習」の境目をなくして、実際に手を動かしながら学んでいただけるように順番に説明していきます（まずは読むだけにとどめてイメージトレーニングを行い、次に実際に付箋や模造紙を使って試してみるような感じで学んでみてください）。

親和図法は地理学者・文化人類学者として著名な川喜田二郎博士が開発した情報整理・分析・発想のための手法で、その頭文字を取ってKJ法*と呼ばれることもあります。デザイン思考やサービスデザインなど、世界中のあらゆる調査の現場で使われる非常にポピュラーな手法です。詳しくは『発想法』『続・発想法』を参照してください。

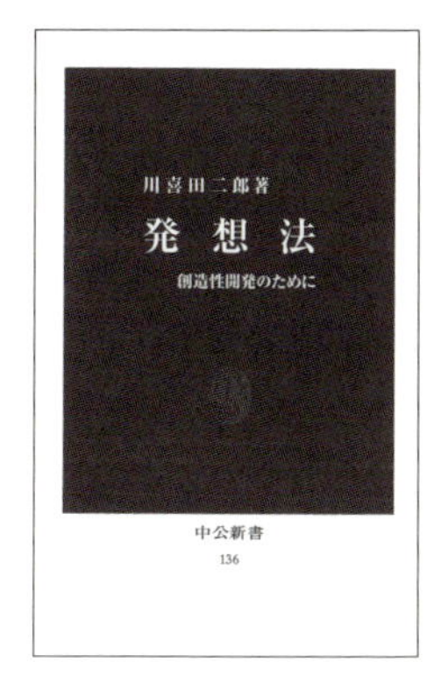

発想法　創造性開発のために［中公新書］
著者：川喜田二郎
出版社：中央公論社（1967年）
ISBN：978-4121001368

続・発想法　KJ法の展開と応用［中公新書］
著者：川喜田二郎
出版社：中央公論社（1970年）
ISBN：978-4121002105

＊KJ法は株式会社川喜田研究所の登録商標です。

5-6 親和図法による分析の練習

親和図法による分析では「どれぐらい手が動いているか」が分析の質を計るひとつの目安になります。理解してから手を動かすより、すこし乱暴ですが「とにかく手を動かしてみる」というやり方に慣れていただくのが習得の近道ですので、さっそく試してみましょう。

◇実際に定性データを触って、手を動かしながら考えてみよう

5章で収集した調査データを実際に用いて、親和図法による分析を実際に行ってみましょう。まずはここに書いてある通り、見よう見まねで実践してみてください。

ここでは仮に、調査のテーマを「ECサイト利用におけるユーザーの行動」ということにしてあります。また、ビジネスのゴールは「ライトユーザーをヘビーユーザー化するような施策を考えること」とします。

① 定性データの「切片」を作る

付箋の書き起こしを行い、分析作業で使う大量の付箋紙メモ（これを切片と言います）を作る作業になります。個人でできる作業です。

インタビューで収集したデータ＝文章を、付箋1枚に収まる分量の断片に抜き出して書き込んでいきます。最初のうちは1枚に収める分量がつかみにくいと思いますが、後で調整できますのでまずは書いてしまいましょう。

何か特別に欲しいものがあってECサイトをみているわけではない

トップページではなく、たまたま検索エンジンから商品ページへ辿り着いた

上記のように、あくまで観察的・客観的な事実のみを描くようにしてください。この段階で注意して欲しいのが、「要約してはいけませんが、かといって感情や心理などまだ見えていない部分を勝手に代弁しないことです。そのような代弁作業はこの後の過程で行います。

また、このあとの作業のために「顔を近づけなくても読み取れる文字サイズ」を心がけます。

さらに、ここでは「その定性データは重要か？」という判断をせず、収集した定性データを全て書き出してしまうのがコツです。また、その1枚の付箋を見ればそのシーンが思い浮かぶように抜き出すこと、つまり要約しすぎないことが重要になります。

そして、全ての付箋を模造紙などの広い平面に貼ります。もし複数人数で実施する場合は、この作業に参加する全員が同じ距離感で全ての定性データを読めるような状態にしましょう。ここで作った切片は再利用することができるので、反復練習のためにも丁寧に作ることをおすすめします。

読み取れる文字サイズで／漏れ無く書き出す／要約しない

②「作った切片で小グループを作り、見出しを貼り出す」

この「小グループを作る」という作業が、実は最も発想的な作業で、ありきたりの結論になるか、新しい発見があるか、ここが分かれ目です。注意深く実践してください。まず、先の例として書き出したこれらの切片をよく眺めてみてください。

どのような「不満足の仕組み」や「価値」が共通して“潜んで”いるでしょうか？

何か特別に欲しいものがあってECサイトをみているわけではない

トップページではなく、たまたま検索エンジンから商品ページへ辿り着いた

まずこのように「小さなグループ」を作ったら、すぐにそのグループの見出しを別の色の付箋で貼りましょう。グループに含まれる定性データに共通する特徴をしっかり表現した見出しにするのがコツです。見出しだけでもきちんとユーザーに共感できるように、豊富な情報を含ませましょう。

ここで決して行っていけないのは「単なる情報の整理と並べ替え」をすることです。

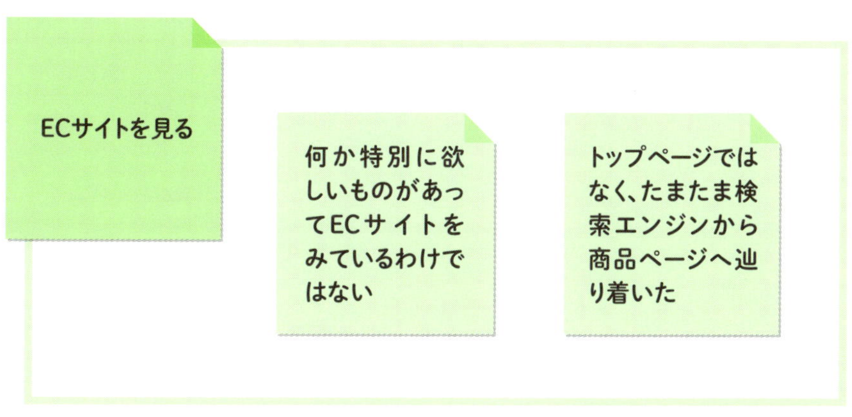

誤って"表面的な分類"をしてしまった例

「単なる情報の整理と並べ替え」とは、たとえば「ECサイト」という単語のみに着目してしまい、表面的なくくりの見出しをつけてしまうことです。調査の目的は「ヘビーユーザーほど気づかない、隠れた楽しさ」を探索するために新たな課題を作り出す作業なのですから、この先のステップへと進むことができないこのような分類は意味がありません。

たとえば、このようにグループを作り出して、ラベルを貼ります。グループを作り出すとは、複数の付箋間の「隠れた共通点」をチームで「想像・発想する」ことです。付箋に書いてある背景をチームで補うのです。

明確な目的があってサイトを訪れてはいない

何か特別に欲しいものがあってECサイトをみているわけではない

トップページではなく、たまたま検索エンジンから商品ページへ辿り着いた

ここではなぜ明確な目的がないのかは、まだ分かりません。しかし、わざわざパソコンを開いて検索をしたり、ECサイトにたどり着いたりはしているわけなので、何かお目当てのものでもあるように見えます。非常に興味をそそられるグループです。

そして、このような見出しをつけてみると、こんな切片もこのグループに含まれてくるかもしれません。

明確な目的があってサイトを訪れてはいない

何か特別に欲しいものがあってECサイトをみているわけではない

トップページではなく、たまたま検索エンジンから商品ページへ辿り着いた

普段からよく、最初の予定にない買い物をしてしまう

もし最初の誤りのように「ECサイトを見る」というグループとして“分類”してしまっていたら、この3枚目の切片はこのグループには仲間入りできません。しかし、見出しを適切につけることで「目的がなくても買い物をする何かがありそうだ」と“発見”することができます。

コツとしては、あまり大きなグループを作らないということです。あくまで目安としてですが、筆者の経験上、多くても1グループあたり10枚を超えることはまずありません。そのような場合は「ユーザーの理解が大雑把すぎるんだな」と考え、思い切って一度バラバラにしてしまいましょう。むしろ、付箋1枚だけのグループがあってもかまいません。

むやみに正しく作ろうとせず（ほとんどの場合、何が正しいかはこの時点では分かりません！）、小さなグループをすばやく多く作ることを心がけてください。

③「小グループを大グループ化し、図として整える」

ここからは小グループの見出しにのみ着目します。

明確な目的があってサイトを訪れてはいない

パソコンを使う時はわりと長時間ずっと使う

ECサイトで買う商品はリピートすることが多い

前のSTEPと全く同じように、分類せず創出するようにグループを作ってみてください。前のSTEPで見出しが上手く書けていないとこのSTEPの作業が上手くいきません。その場合はどんどん見出しを貼り替えてください。あるいは、この段階で小グループの作り方を見直したくなるかもしれませんが、もちろんそれでかまいません。どんどん見直してください。

そして、それぞれの間に何か関係性が見つかったら、それを図解してみましょう。

目的がないのになぜサイトを見たくなるのだろう?

くせ、習慣になってしまう要素があるのかもしれない

明確な目的があってサイトを訪れてはいない

何か特別に欲しいものがあってECサイトをみているわけではない

トップページではなく、たまたま検索エンジンから商品ページへ辿り着いた

ここまで進めて、何が見えてきたでしょうか。特にすることもないのでなんとなく毎晩パソコンを開いているユーザーの姿でしょうか。それとも、リピート買いするときに他の商品の衝動買いをさそってしまうような仕組みでしょうか。もしかしたら、見落としていた切片「定期的に衝動買いをしているが、わりと楽しい」があるかもしれません。それも同じグループに入れてください。

④「文章に起こして、解釈と説明ができるようにする」

図として整えた上記の例でも十分に気づきの内容が理解できますが、ここでもう一歩「文章に起こす」というところまで行って、初めて親和図法の威力が発揮されます。

試しに、この図をそのままプレゼンテーション資料に貼り付けて、この分析作業に参加していない人に「説明」してみるとよく分かります。残念ながら上手く繋がらない箇所がたくさんあり、説明者のアドリブや補完なくしては不可能であることに気づくはずです。つまり、個々に気づいたことはあるが全体としての解釈と叙述がまだ不十分であるということです。そして、そのような欠陥をなるべく多く発見して発展させていく仕上げの作業がこの「文章に起こす」という作業になります。

上記の例を試しに文章化してみます。

ユーザーは、普段から何気なくパソコンを開いてインターネットでECサイトを見ているが、特に何かを買いたいとか、特定の商品を探しているということではない。ただし、定期的に購入する消耗品があるので、その時はついでのように他の商品についても見てしまうことがある。

そして、そのようなときに(やはりついでのように)衝動買いしてしまうことがしばしばあるが、それについてはあまり後悔しておらず、むしろ楽しんでいるところがある。

ここでは、黒字は実際の分析結果=説明的なもの、色字は分析者による推察=叙述的なもの、のように視覚的に区別してみました。

この文章化された情報は元々の生データとは違い、一見関連性のないユーザーの行動や感情がひとつの利用シーンとして統合されている点が重要になります。個々の特殊なケースではなく、どのようなユーザーにとっても起こりえる普遍的な状況です。

そして、他の大グループと隣り合っている部分から別の文章を書いたりしながら、どんどん発展させて多くの欠落を補完していきましょう。文章化するにあたって発見できた欠落の多さが、すなわち発想の幅に直結します。何より、調査データによる発見の数々が、分析者の主観や想像ではなくウソ偽りないユーザーの内面から出てきたものであることが、他のプロジェクトメンバーにも伝わりやすくなります。誰でもない、ユーザーの本当の欲求なのですから、誰も逆らいようがありません。

専門用語や業界用語は廃してしまいましょう。図表も必要ありません。また、口頭で説明して済ますのではなく、A3ぐらいの大きな用紙に太いペンで、とにかく文章化してみるのがコツです。ユーザーはどのような利用状況にあるのか、どのような具体的な行動をとっているのか、その中でどのようなところに価値や不満を感じていると思われるのか、そういった情報を漏れ無く文章に盛り込みます。

いかがでしょうか。どのようなWebサイトをユーザーにご提供すればよいのか、今までとは違った視点で提案することができそうな気がしてきませんか？

◇親和図法は「発想をして、課題を作るための手法」

ここまで進めてみると、実は単なる情報の整理を行っているのではないということに気づくのではないでしょうか。ユーザーの不満足の仕組みや行動文脈を想像しながら、ユーザー自身が言葉にすることができなかった新たな課題を創造していく作業を行っているのです。

つまり、親和図法とは、名詞に注目した分類法ではなく、動詞や形容詞に注目した課題創出法なのです。

分析結果、特に成果として最後に記述した文章を読んでみると、ユーザー自身に同じレベルで言語化・見える化・語れる化をさせるのはほぼ不可能であることに気づくはずです。ユーザーの本音に「弟子入り」する気持ちで、ユーザー自身が意識していない課題や価値を探りあてていきましょう。

◇ちょっとしたコツ「分析上手は動かし上手」

分析作業において扱っているのは全てテキストデータであり、ただの付箋であり、模造紙の上に描いた線や囲いでしかないことを思い出してみてください。この段階の成果物は、綺麗に組み上がったHTMLやソースコードと違い、いくら壊しても大したロスにはなりません。

実は、分析作業が上手く行っているかどうかをこの段階だけで判断するのは非常に危険です。判断するための指標を組み込むこともできますが、筆者の経験上、ひとつひとつの作業を丁寧にやりすぎるより、すみやかに次のプロセスへ進み、検証し、すばやく誤りを正す方が効率的でもあり、効果的です。

私たちがお手伝いした数々のコンサルティング案件では、優れた（しかも斬新な）施策で実績をどんどん生み出すような方々であればあるほど、傍から見ていてこちらがヒヤヒヤするぐらい「途中なのに分析結果を壊す」ことをします。手を動かす手数の多さ、書いた付箋だけでなく捨てた付箋の枚数の多さ、そういったものが、分析作業、ひいてはUXデザインという仕事が上手くいく最重要指標なのかもしれません。

◇いつまでも終わらない?そんな時は「時間で区切る」

それでもやはり、慣れないうちは「やってもやっても付箋が動く、いつまでたっても終わらない」という不安がつきまとうかもしれません。一度区切りをつけたつもりでも、あとで見返したり、違うメンバーに見てもらったりするとまた新しい気づきが出てきて、分析をやり直したくなることもしばしばあるでしょう。
そんな時は「時間で区切る」という方法が有効です。ちょっと残念な気もしますが、全てのデータを完全に分析しきることは実際には不可能です。先ほどの「動かし上手」のところでもお話ししましたが、ある程度のところまで分析ができた状態で思い切って次の工程に進んでしまい、何か足りない要素があれば分析結果を見直してみる方が効率良く進められます。
「ユーザーのことを完璧に理解した！」と勘違いする方がよほど危険なので、経験を積みながら徐々に“止めどき”が分かるようになっていきましょう。

5-7 データ分析のツールキット

実際の分析作業において、道具選びにはプロのノウハウがあります。ちょっと道具を工夫するだけで、作業が円滑に進みますので、参考になさってみてください。

◇ 定性分析に便利なツール

付箋

筆者がよく用いる付箋は75mm × 75mm の正方形タイプです。分析作業における「行ったり来たり」をストレスなく行えることが分析の品質に大きく影響しますので、3M社製の強粘着タイプをおすすめします。
また、使う付箋の色にルールを決めておくと、特に複数の人で分析を行うときに大変有効です。ご参考までに、下記に筆者がいつも用いているルールをご紹介しておきます。

黄色	オレンジ	青	ピンク
切片	見出し	見出し	アイデアなど

一旦決めたルールが定着してくると、今自分たちがどの段階の作業を行っているのか、議論の対象がどの段階にあるのかを付箋の色で視覚的に認識を共有できるようになります。あるいは「まだピンクの段階じゃない、今は青をしっかり議論しよう」のように、ファシリテーションに役立つこともあります。

模造紙

模造紙を用いず直接壁に付箋を貼る方法もありますが、壁に貼ったまま片付けずにおくことはオフィス環境ではなかなか難しいのではないかと思います。また、調査データには個人情報（特に機微情報）が含まれることもありますし、一度の作業で全てが完了するとは限りません。情報セキュリティの観点からも、移動可能な台紙として模造紙（四六判／1091×788mm）を利用されることをおすすめします。

片付けるときには、丸めるよりも折った方が付箋が剥がれ落ちません。折り目上に貼られた付箋は剥がれやすいので、予め模造紙に折り目をつけておいて、折り目を避けて付箋紙を貼るといった細かい工夫が、繰り返し行う分析作業のストレスを軽減し、分析作業そのものを積極的に行うモチベーションに繋がります。慣れるまでは方眼マス目が入ったものを使うと便利でしょう。

水性ペン（太字／角芯）

筆者は水性／角芯の太いペンを多用します。書店やスーパーで見かけるPOPが書けるぐらいの太さをイメージされるとよいでしょう。付箋も、可能な限り大きな字で書くことを心がけてください。壁に貼った多くの定性データが、誰からも等しい距離感で閲覧・精査できることが重要です。油性ペンは臭いで気分が悪くなる方もいるので室内作業では配慮が必要です。

仕事として実施するための機会の作り方

こっそり練習	一部業務でトライアル	クライアント巻き込み
★★	★★	★★★ (★★★★)

「こっそり練習」を始めるには？

プライベートなところから始めてみましょう

本章の冒頭で申し上げた通り、ユーザー調査は一人でこっそり練習するだけでどんどん上達していきます。慣れてくると、自分のキャラクターを活かして「こういう聞き方をすると相手がどんどん話してくれる！」といった自信がついてくると思います。

つまり、場数が重要ということになります。カジュアルな機会をどれだけ多く作るかが重要になってきますが、最初のうちは身構えない（そして相手にも身構えさせない）のがコツです。筆者が新人インタビュアーを教育するときも、インタビューであるとは言わずに「ランチミーティング」といった言葉の言い換えを行って調査をするように言っています。

そして、まずはそのお相手として「お友達」を選んでみてください。失敗しても大丈夫、そんな環境で始めてみることが最初の突破口になります。

「一部業務でトライアル」をしてみるには？

同僚とのランチタイムを活用してみましょう

こっそり練習の延長戦として、こんどはお友達ではなく「同僚」や「先輩」の中からユーザーを探してみて、同じようにインタビューしてみましょう。

これまで行っていなかった調査を行うことで新たな成果が得られることは、結果的には最も効果的なプロモーション活動にもなります。手法の定義やその有効性について説明することに多大な労力を使うぐらいなら、現場・現物を目の当たりにし、プロセスに巻き込んで体感してもらった方が導入もスムーズですし、何より成果の得られ方が劇的になることが多いのです。

分析まで終わったあとで「実はこないだのランチで伺った内容を分析してみたんですが……」と、お礼の気持ちを込めて分析結果を話してみてください。きっと驚いてもらえると思います（ただし、その時のことを考えて「本音を探りだしても相手に怒られないようなテーマ」にしておく必要がありますが）。

「クライアントを巻き込む」には？

結果だけではなく「過程」をしっかりとお見せしましょう

この調査法は「発見」を目的としているからなのですが、一般的なアンケートなどと違って数字で説明できるような明快さがなく、その重要性がなかなか伝わりません。

筆者の経験上、使えない調査・分析になってしまう原因は「結果だけを伝えて、それが正しいということを後から説得しようとする」といったコミュニケーションにあるようです。むしろ、驚くような発見であればあるほど、クライアントからは否定的な反応がある可能性もあります。

クライアントを巻き込んで、納得してもらい、本当に役立つユーザー調査にするためには、とにかく「調査と分析の過程をオープンにして、発見にいたるまでの道筋がきちんと繋がっていることを伝える」ことに尽きます。クライアントによっては「勝手にやって、結果だけレポートしてよ」ということもあるかもしれませんが、ここからはプロとして「それでは結果の重要性がきちんと伝わらない」ということをとしっかり理解してもらいましょう。

ユーザー調査の“事例紹介”

筆者のチームで実際に行ったユーザー調査の事例をご紹介します。ライト級の方は一部業務で軽く行った例、ヘビー級の方はクライアントも巻き込んで「そもそもライン」も越える領域にまで至った例ですが、実は連続したひとつのプロジェクトです。いきなりヘビーな調査を行わずにフェーズを分けて、クライアントの理解が徐々に進んで効果が得られた、という事例です。

【ライト級】ユーザー調査の事例とプロセス

<プロジェクトデータ>

期間	全稼働	体制
2週間	5人日程度	3名

<目的>

クライアントより、ECサイトの利用者数の伸び悩みに対して打つ手を考えるため、現状のユーザーの利用状況を把握するためのカスタマージャーニーマップ（6章参照）を作りたいというご相談をいただいた。コンサルティングチームとしては、まずECサイト単体の利用状況だけでなくその前後の行動についても調査する必要があると考えたが、いきなり費用をかけての本調査ができなかったため自社内のユーザーを探し当て、ランチタイムなどを利用して簡易的にインタビューと分析を行い、コンサルティング提案のための基礎データとした。

<プロセス>

クライアントからのご相談	ユーザー調査（収集）	ユーザー調査（分析）※社内WS	分析結果のレポート作成 提案書作成	ご提案 正式案件化 受注・着手
ビジネス上の課題や目的をヒアリングし獲得	ECサイト利用経験のある社内メンバー 5人にインタビュー	提案チーム3人による分析ワークショップ実施	当初ご相談の範囲だけでなく、オプションとしてユーザー調査についてご提案	オプションも含めて了承され、正式に受注

<ポイント>

ユーザー調査の性質上「実際にやってみないと何が出てくるか分からない」という側面があり、そのような分からないものに対していきなり予算をかける決断をしていただくのは困難であると考えた。そのため、まずは簡易的な手法と最小限の稼働で無償の「お試し調査」を実施し、成果の一部を先にお見せすることで「これが必要な活動である」ことをご理解いただくこととした。

このように、ユーザー調査（インタビュー）結果を親和図法で分析するところまでを数日間で一気に実施し、クライアントからの当初ご相談内容であるカスタマージャーニーマップ作成の余地を残した状態での“仮成果物”を提案段階で提示することでご納得をいただき、受注に至った。

【ヘビー級】ユーザー調査の事例とプロセス

<プロジェクトデータ>

期間	全稼働	体制
2カ月	20人日	3名（+クライアント30名）

<目的>

前述のご提案内容により、ユーザー調査のプロセスにクライアント側にも参画いただくことが必要であるという合意に至り、インタビュー・分析・カスタマージャーニーマップ作成までを合同チームにて一気に行うプロジェクトとした。これまで把握できていなかった「ECサイト利用におけるユーザーの『喜び』と『ガッカリ』について多くの気づきを得る」ことをプロジェクトの目的とした。

<プロセス>

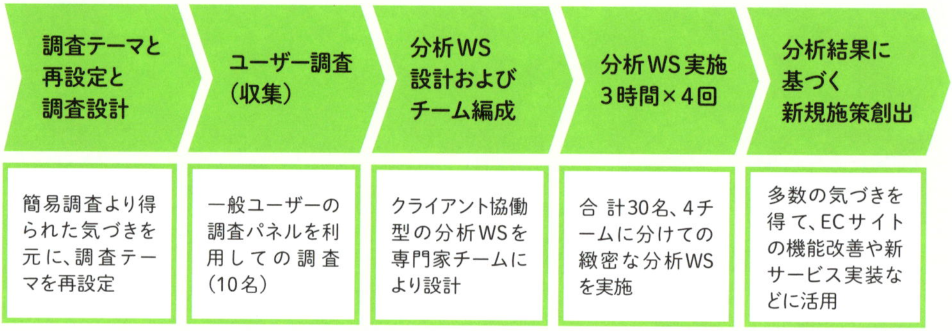

調査テーマと再設定と調査設計	ユーザー調査（収集）	分析WS設計およびチーム編成	分析WS実施 3時間×4回	分析結果に基づく新規施策創出
簡易調査より得られた気づきを元に、調査テーマを再設定	一般ユーザーの調査パネルを利用しての調査（10名）	クライアント協働型の分析WSを専門家チームにより設計	合計30名、4チームに分けての緻密な分析WSを実施	多数の気づきを得て、ECサイトの機能改善や新サービス実装などに活用

<ポイント>

調査のみを行うものとしては大規模なプロジェクトとなった。個々の手法についてはスタンダードなものを組み合わせたに過ぎないが、クライアントとの協働体制を作るためのコミュニケーション設計やチーム編成といった「チームデザイン」に注力したことがプロジェクト成功の最大要因であった。

6章

カスタマージャーニーマップで顧客体験を可視化する

前章では、親和図法によってユーザーも気づいていない本質的な欲求などの本音を発見する手法を学びました。この章では、そのようなユーザーの暗黙知を含んだ行動や心理を取り込み、Webサイト内だけでなく普段の生活も含めた顧客体験全体の点と点を結び、線（文脈）として可視化していきます。初心者でもできる“現状の姿”のカスタマージャーニーマップの作り方を学びましょう。

written by 佐藤 哲（株式会社アイ・エム・ジェイ）

カスタマージャーニーマップとは?

カスタマージャーニーとは、製品やサービス、Webサイトなどの“ユーザーの体験全体”を指す言葉で、それらを可視化したものがカスタマージャーニーマップと呼ばれています。特定のペルソナの、製品・サービスやWebサイトの利用前・利用中・利用後の状況や、行動、思考、感情、また、その体験に関係する情報、人物、場所、メディア、デバイスなどさまざまな要素が盛り込まれており、それら全体を俯瞰できるよう1枚のマップ状にするのが典型的です。

カスタマージャーニーマップはユーザー体験を可視化し、またユーザーの行動を俯瞰してみて露わになる、Webサイトや製品・サービスの課題を発見し、新たな企画立案のヒントや改善に役立てるのが大きな目的です。

最近では、カスタマージャーニーマップを作成する過程そのものが、クライアントも含めたプロジェクト関係者全員がユーザー目線で議論できる土台となるため、部門や組織間の壁を取り払い、製品・サービスをとらえ直して合意形成するツールとしても注目されています。

カスタマージャーニーマップのアウトプット例

一般的によく見かけるのが時系列（ステップ）ごとにユーザーの「タッチポイント」「行動」「思考」「感情曲線」などを記載したものです。この他、主要な部分をインフォグラフィック的に表現したりするケースもあります。

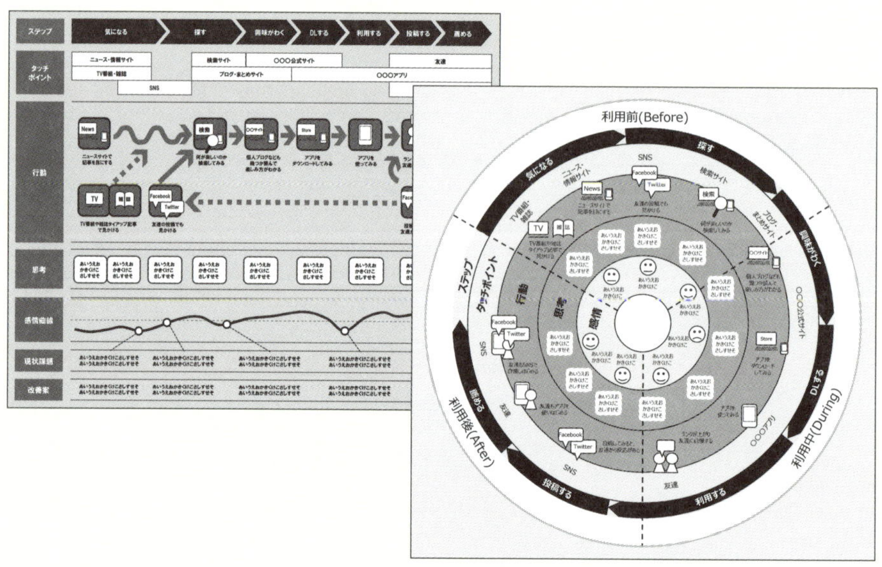

円形に循環する形もあり、フォーマットに決まりはない

仕事として実施するカスタマージャーニーマップ

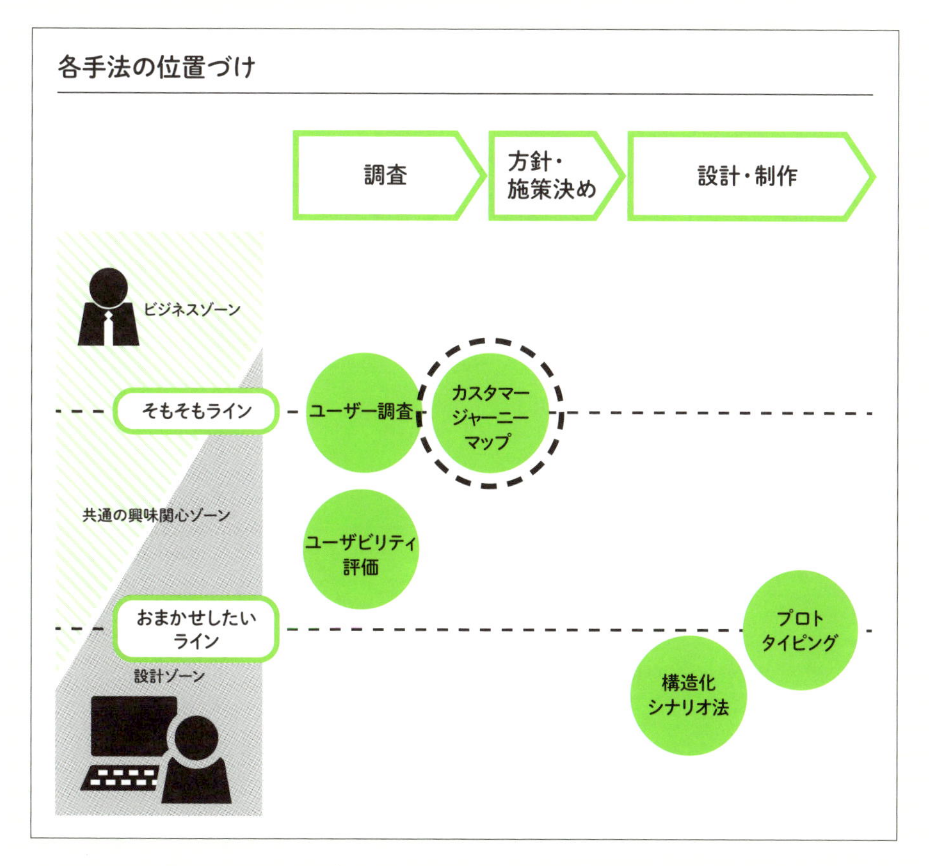

カスタマージャーニーマップはマーケティング用語の文脈でも使われ始めたこともあり、これ自体が求められることも徐々に増えてきました。「そもそもライン」をまたいではいますが（だから時々クライアントが自前で作ってみているというケースも見聞きします）、施策立案との連携を考えたりインフォグラフィック的なまとめ方を期待されたりする場合など、比較的ものづくり側のチームへも依頼が多くなりつつあります。

〈仕事としての始めやすさ〉

こっそり練習	一部業務でトライアル	クライアント巻き込み
★★	★★	★★★ （★★★★）

皆さんにユーザー調査やその分析の経験があれば「一部業務でトライアル」までは比較的実施しやすいと思います。ワンステップ上がってカスタマージャーニーマップを作成するワークショップにクライアントに参加してもらうには、さらにワークショップの設計・ファシリテーションのスキル・経験を積んでおくのが望ましいところです。

6-1 カスタマージャーニーマップが求められるわけ

カスタマージャーニーマップを作成する際に念頭に置きたいこと。それは、ユーザーは特定のWebサイトだけを中心にして暮らしているわけではなく、いろいろなメディアと接触し、いろいろな人と話し、いろいろなお店で商品を見たり買ったりしているということです。

◇Webサイトありきでユーザーは行動していない

実際のユーザーに、普段どのようにWebサイトを使っているか話を聞いてみると、Web制作の仕事をしている私たちの目からウロコが落ちることが多々あります。

結構、被験者はストレートな意見を言ってくれる

なぜならIT業界やWeb制作の関係者は、サービスのスタートラインを“インターネット中心、自社Webサイトありき”で考えているからです。

カスタマージャーニーマップを作成する際の心構えとしては、「ユーザーは自社のWebサイトだけを優先して突然来るわけじゃないはず」「ユーザーはその場面でインターネットを使うのだろうか」など自問自答し、自社Webサイトを含むユーザー行動の全体像や前後関係を見つめていきましょう。

6-2 カスタマージャーニーのための調査

“現状の姿”のカスタマージャーニーを可視化するためには、テーマとなるWebサイトや製品・サービスを利用する前後の顧客体験の状況を調べて把握する必要があります。

◇どのようにカスタマージャーニーのための調査をしていくのか

いわゆるマーケティング調査のように実施している定量的なアンケートやWebサイトのアクセス解析などの調査データだけでは、個々のユーザーにとってリアリティのある行動や本音、感情面などを把握しきれません。

カスタマージャーニーの調査には、定量調査のデータと合わせて、5-1の「インタビュー」などでご紹介する調査を実施し、具体的な定性的データを収集する方がより精度が高くなるでしょう。

ECサイトの調査項目(例)	ECサイト利用前	ECサイト利用中	ECサイト利用後
状況	ECサイト訪問前の状況は?	ECサイト訪問時の状況は?	ECサイト訪問後の状況は?
タッチポイント	接触したメディアや人は? 閲覧した他サイトは? 訪問した実店舗は?	どのサイト経由で来訪? 閲覧した他サイトは?	接触したメディアや人は? 閲覧した他サイトは? 訪問した実店舗は?
デバイス	接触したメディアや他サイトを閲覧したデバイスは?	ECサイトや他サイトを閲覧したデバイスは?	接触したメディアや他サイトを閲覧したデバイスは?
時間	利用した時間帯は?	ECサイト利用時間帯は?	利用した時間帯は?
場所	利用した場所は?	ECサイト閲覧場所は?	利用した場所は?
商品	買いたい商品は何か?	どんな商品を選んだか?	買った商品は?
情報(Web・SNSなど)	Web上で探した情報は?	ECサイトで探している情報は?	商品購入後に、Web上で探した情報は?
情報(マス・店舗など)	Web以外で得た情報は?	ECサイトの他で、Web以外の情報は得たか?	商品購入後に、Web以外で得た情報は?
目的	商品を買って、何をしたいのか?	ECサイト上で何をしたいのか?	商品購入後に、何をしたか?
理由	なぜ商品を買いたいのか?	なぜECサイト上で買いたいのか?	なぜ商品を買ったのか?
行動	商品を買うために、どうしたのか?	ECサイト上をどのように見ていったのか?	商品購入後に、どうしたのか?
心理・感情	その時はどんな気持ちだったか?	ECサイト上でどんな気持ちだったか?	その時はどんな気持ちだったか?

利用前・利用中・利用後のように、時間軸に沿ってデータを収集しよう

6-3 カスタマージャーニーを作ってみる

カスタマージャーニーマップを作成する調査データが集まったら、次に旅（ジャーニー）の主人公がどのような人物かを想定して進めていきます。

◇まず旅の主人公のイメージを想定してみよう

簡易ペルソナを作成します。この章では例として、「ショッピングモールサイト」を利用するユーザーを想定します。

下記のような簡易ペルソナを作るには、同僚や友人に「ショッピングモールサイト」や「ショッピングモール実店舗」を普段どのような状況で利用しているか、30分でも構わないので根掘り葉掘り話を聞かせてもらいデータを集めると良いでしょう。

Webサイトがテーマだとしても、普段のライフスタイルや日々の暮らしぶりや楽しみなどが分かるように話を聞いて、簡易ペルソナの人物イメージは具体的に書きましょう。

似顔絵／写真とキャッチコピー	基本属性
クルマと子どもが大好きな イクメンお父さん	名前：鈴木さん 年齢・性別：29歳（男） 居住地：千葉県千葉市 家族：妻と2歳・4歳の子ども 職業：Webディレクター
〇〇に関する行動の特徴	**〇〇に関する目標**
・普段は近所のショッピングモールで買い物を済ますことが多い。 ・子どもが小さいので、ベビーカーを持ち歩いている。 ・買い物に行くときは、ベビーカーや荷物が積めるのでマイカーで。 ・最近は、ネットで買い物をすることも増えた。	・買い物に行くのが目的なのだが、その道のりをマイカーでドライブしたい。 ・仕事が忙しいので、週末にショッピングモールで家族と服を見たりご飯を食べたりする何気ない時間に幸せを感じたい。

カスタマージャーニーのための簡易ペルソナ例

◇調査データを付箋に書き、時系列で並べてみよう

カスタマージャーニーのための定性的な調査データは、インタビュー結果やアンケートの自由回答、フィールドワークのメモ書きなどいわゆる文章の状態であることが多いです。会社の会議室のホワイ

トボードや大きな模造紙など、広い面積を使って練習をしてみましょう。

一度貼った付箋でも、前後関係やつながりがおかしいと思ったら貼り直したり、付箋の言葉を書き直したりを何度もするうちに納得のいくカスタマージャーニーが見えてくるはずです。

1 「ステップ」「タッチポイント」「行動」「思考」「感情」の区分けを作る。

2 “簡易ペルソナ”の人物が行動する様子を想像しながら、「行動」の枠に調査データの行動にあたる部分を書いた付箋(黄色)を貼っていく。

3 “簡易ペルソナ”の人物が行動する様子を想像しながら、「思考」の枠に調査データの思考にあたる部分を書いた付箋(緑色)を貼っていく。

4 「行動」「思考」の流れが見えてきたら、段階を大まかに捉え「ステップ」として付箋(青色)に書いていく。

5 ステップごとに登場する人や、お店、Webサイトのような「タッチポイント」を付箋(オレンジ色)に書いていく。

6 最後に、“簡易ペルソナ”の人物の気持ちの起伏を想像しながら、曲線で「感情」を描いていく。曲線の山や谷に、その気持ちを付け足す。

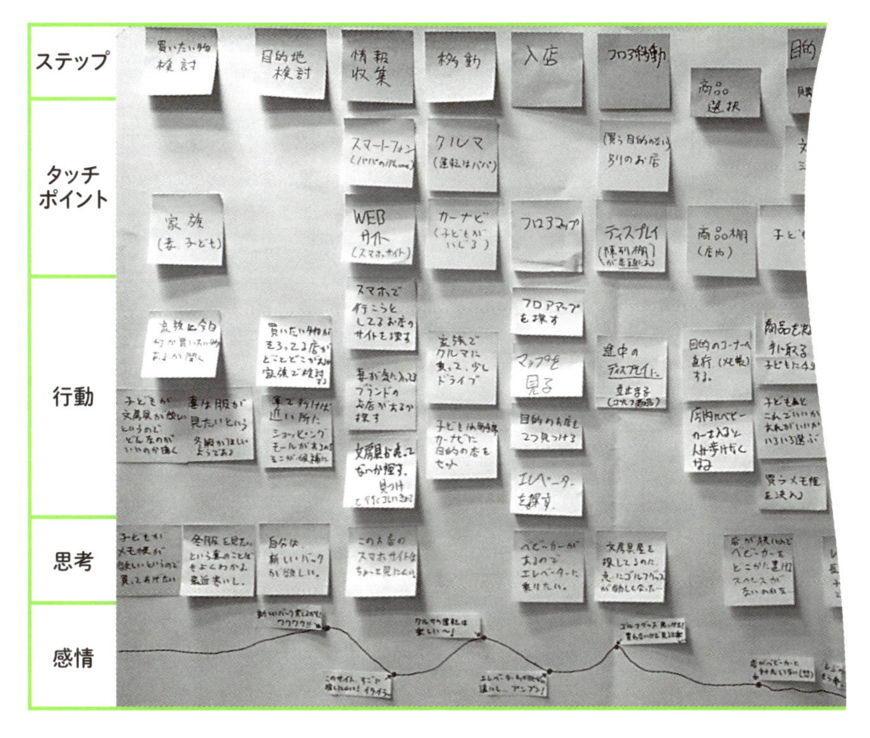

付箋を利用してカスタマージャーニーを考える

◇ 複数人のワークショップ形式で考えよう

カスタマージャーニーを考えることは一人でもできますが、できればプロジェクトメンバーや会社の同僚など数名を誘い、何時間かまとまった時間を使ってワークショップ形式で進めるのが理想です。

なぜなら調査データに含まれる人々の行動や思考は多岐に亘っており、それをたった一人の知識や経験で判断してカスタマージャーニーとしてつなぎ合わせていくのはとても難易度が高く労力も要ります。複数人がそこに参加し複数人の知見を活用した方が、カスタマージャーニーの分析の客観性や精度が高くなりますので、ぜひ、誰かを誘って実践してみましょう。

できるだけ大きな会議室の広い壁面を利用しているが、テープが貼れない壁面の場合は右の写真のように“窓ガラス”に貼りつけることも

6-4 “現状の姿”を課題解決するカスタマージャーニー

“現状の姿”のカスタマージャーニーマップを俯瞰して見渡すと、点と点がつながった線（文脈）のなかで主人公が明確に困っている姿が見え、主人公すらも気づいていないニーズに気づくこともあります。

◇ 体験全体を俯瞰することで課題点を見つける

調査内容をもとに考えたカスタマージャーニーは、主人公の体験の“現状の姿”を可視化したものと言えます。

そこから現状の体験の課題を洗い出し、課題解決型のカスタマージャーニーマップを作成してみましょう（ユーザーの本質的な価値から“あるべき姿”のカスタマージャーニーマップを描く本格的なケースは難易度が高いためこの本では割愛します）。

現状の体験の全体像を俯瞰してみると、主人公は旅（ジャーニー）の始まりから終わりまで常に最良の体験をしているわけではなく、時には不満があったり困ったことが起きていたりするなどピンポイントで課題点の仮説が見つかるものです。たとえば、主人公がショッピングモール内の実店舗で買い物をしている際、ショッピングを楽しんでいたはずなのに感情曲線が下がっていたとして、その時またはその前後に何が起きているのかを分析すると、その原因らしきものが見つかるでしょう。

また、主人公は現状では当たり前だと思っており感情曲線が下がっていなくても、実はもっと良い体験ができたはずという見えにくい課題点がある場合もあります。たとえば、ECサイトから問い合わせをしたのち数日後に回答をもらったとしても、主人公はそんなものだと思っていたとします。しかし、実際には電話による問い合わせをすれば即座に解決して時間短縮できていたことに気づいていないというような場合です。

課題点と思われるポイントが見つかったら、それらを口頭で話すだけではなく下の図のように手がかりやファクトとなる付箋を赤丸で囲ったりして明示し、カスタマージャーニーの下部などに課題点を文章にして付箋を書き加えて可視化しましょう。

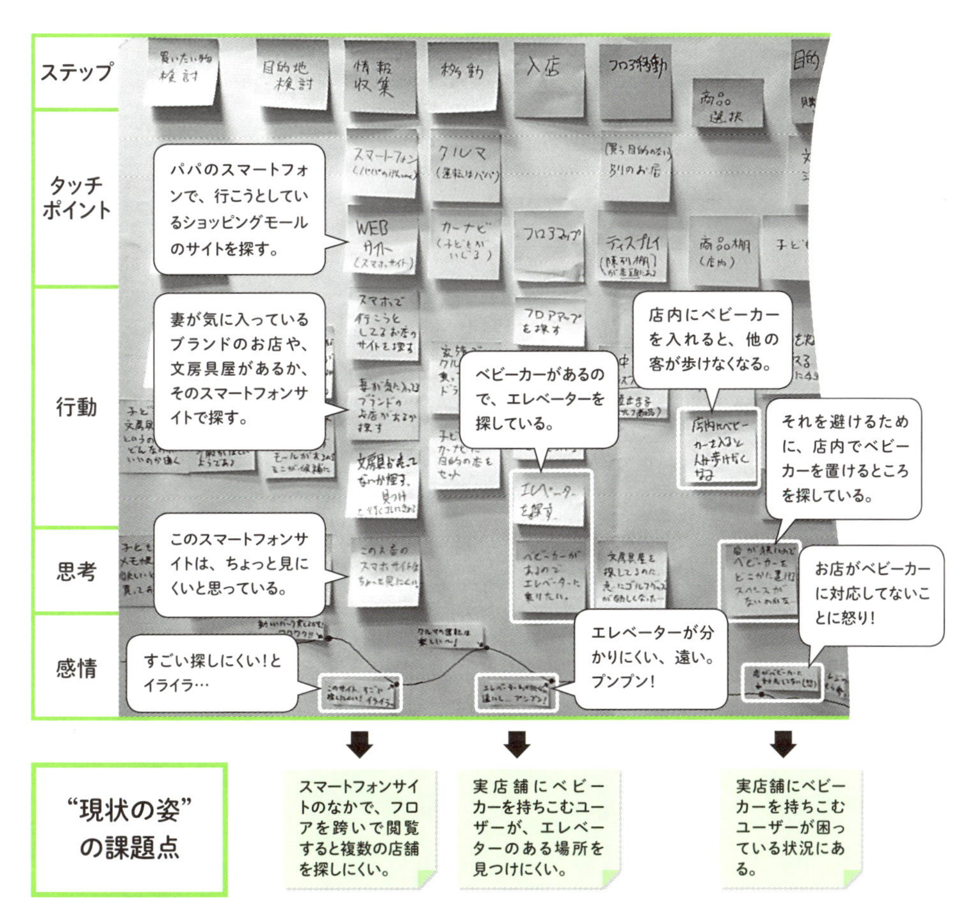

“現状の姿”のカスタマージャーニーの課題点は、その裏付けとなる付箋を赤枠で囲ったり、別の色の付箋で課題を文章で書き加えたりして明示しておく

◇課題を改善したカスタマージャーニーを描く

“現状の姿”のカスタマージャーニーの課題点が出尽くしたら、次は課題解決案を検討します。たとえば、Web サイトの閲覧時や、実店舗で買い物中に感情曲線が下がっている部分があるとすれば、それを上げるにはどのようにすれば良いのかを考えてみると分かりやすいでしょう。課題解決案を幾つか思いついたら、“現状の姿”のカスタマージャーニー上に付箋を貼りつけていくと作業が効率的です。

課題を解決するカスタマージャーニーになるように新たな体験の流れができたら、旅（ジャーニー）の始まりから終わりまでを通して見渡し、あくまでも主人公の気持ちをイメージしながら、改善案によって不満が減らせたのかスムーズに行動が進むかなどを判断することが大切です。複数名のワークショップ形式で分析をしているのであれば、お互いに意見を交わしてみるとより深い原因の考察や改善案の検討ができるでしょう。

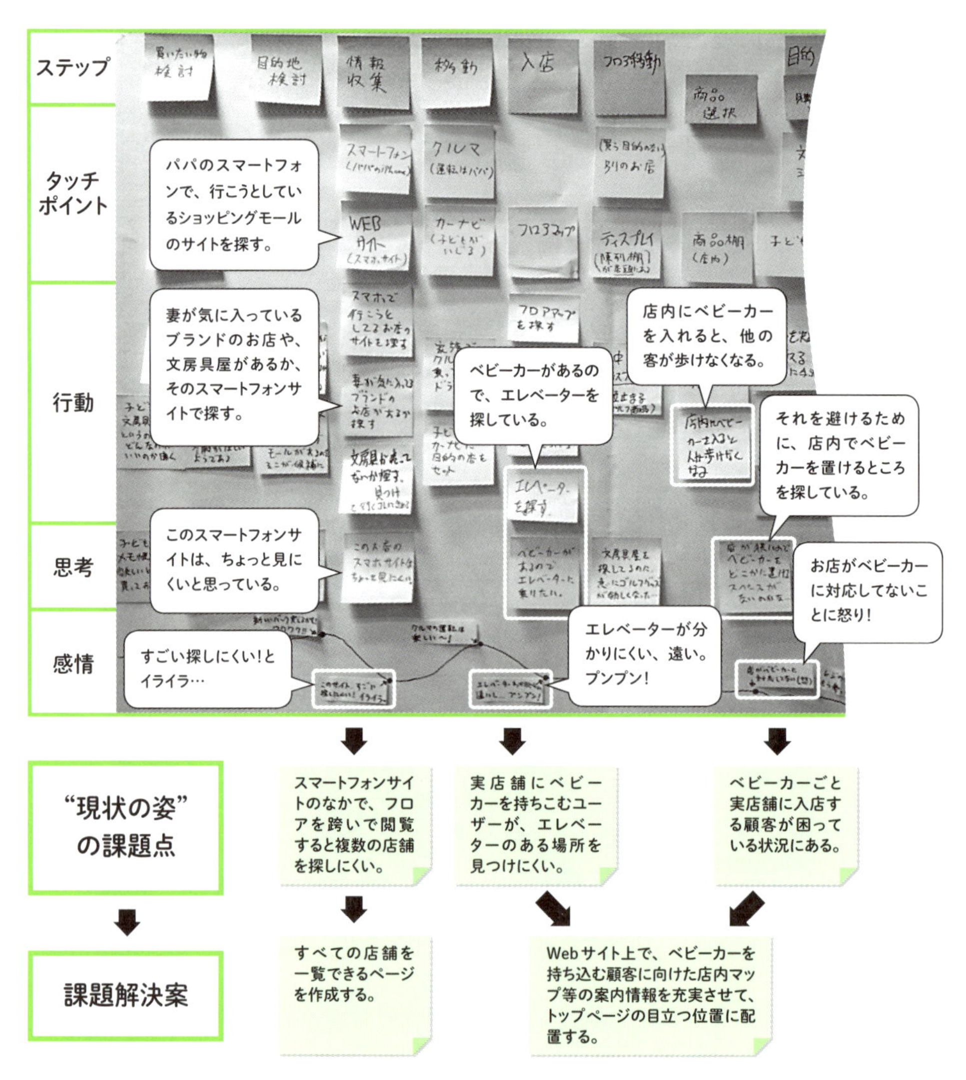

“現状の姿”の課題を改善した内容の付箋を加え、感情曲線がどの程度変化するか線を引き直す

課題解決の流れを考える際に、100%ユーザーの満足を満たそうとすると企業側にはなんの利益も生まない状況になることもあります。ユーザーのニーズと企業側のニーズのバランスもとりましょう。

6-5 カスタマージャーニーマップのツールキット

カスタマージャーニーマップに決まった型はありませんが、ゼロから作るとなかなか手間がかかります。この章のサンプルを使って自分なりにアレンジしてみましょう。

◇カスタマージャーニーマップ清書用テンプレート

カスタマージャーニーを検討した成果物は、模造紙と付箋で作成した状態を写真撮影し画像データを共有すると最も手間がかかりません。しかし、プロジェクトを進める上ではカスタマージャーニーマップを資料体裁に清書して、関係者と共有しクライアントへ納品する必要がある場合もあります。
　実はカスタマージャーニーマップには、清書の決まりや記述ルールというものは存在しておらず、各自・各社が独自に作成しています。清書をデザイナーが担当し、美的センスのあるグラフィカルな仕上げをすることもありますが、一般的には企業のWeb担当者や制作会社のディレクターにあたる職種の方が作成を担当することが多いでしょう。そこで、本書ではカスタマージャーニーマップを清書するパワーポイント用テンプレートを用意しました。

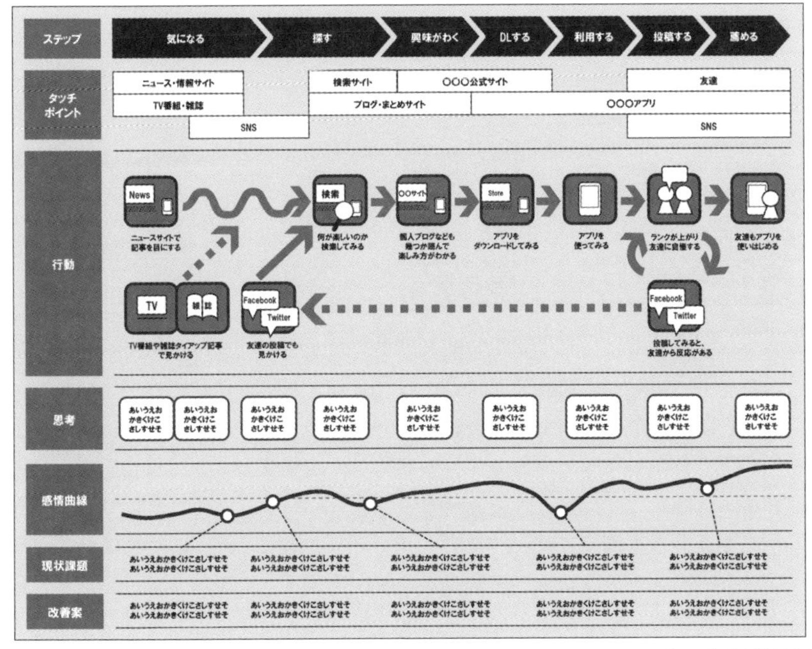

カスタマージャーニーマップのテンプレート。基本的な構造は、「ステップ」、「タッチポイント」、「行動」、「思考」、「感情曲線」を表すレーンと、「現状課題」と「改善案」というテキストによる記述をするレーンで構成されている

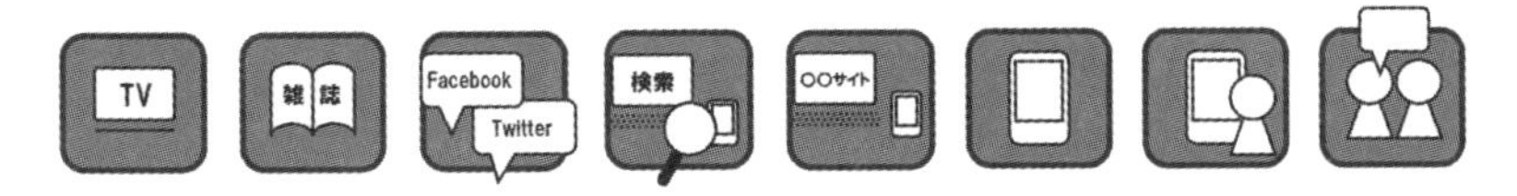

カスタマージャーニーマップのアイコン例。カスタマージャーニーマップは体験や行動を可視化するのが大きな目的なため、上記のような図解化したアイコンを入れると見る側が直感的に理解できる

　ゼロから作ると思いのほか時間のかかるこの種のアイコンもテンプレートに入っており、パワーポイントの図形の組み合わせでできているので、グループ解除して適宜アレンジをするなどしてご自由にお使いください。
　ダウンロードは以下のURLへアクセスをしてください。

URL https://www.shoeisha.co.jp/book/download/9784798143330

仕事として実施するための機会の作り方

こっそり練習	一部業務でトライアル	クライアント巻き込み
★★	★★	★★★ (★★★★)

「こっそり練習」を始めるには?

ユーザー調査のデータや分析結果があれば、まずはそれをもとに練習は始められます。もしない場合は5-1の「ユーザー調査」から始めてみてください。

「一部業務でトライアル」をしてみるには?

幸いカスタマージャーニーマップは言葉としてポピュラーになったので、トライアルに際して皆さんの上司・先輩も比較的好意的になってもらえるのではないかと思います。

プロジェクトに関係する実データ（定量データ、定性データとも）を十分集めた上で実施してみましょう。うまくできた場合はクライアントにも見せたいところですが、その際、論拠の弱いジャーニーだと、ただの思い込みの強い仮説とみなされてしまいがちだからです。

またあるべき姿を描く際には、「そもそもライン」を越え過ぎて話の収拾がつかなくならないように、上手にコントロールできるようになりましょう。プロジェクトとして実効性のない夢物語にならないためにどこまでのスコープで考えるのが適切か、クライアントを巻き込む前に社内で検討しておきたいところです。

たとえばペット用品のECサイトのあるべきカスタマージャーニーを考える際に、実店舗との使い分けや競合Webサイトとの関係を語るのは比較的既定路線ですが、ペット用品だけでなくペット生体も扱う必要があるかもとか、そもそもペットを飼うとはどういうことであるべきかとか、そもそもペットの癒やしを別の価値で代替するとしたら……などと話を拡げ過ぎると、とてもカスタマージャーニーマップの文脈だけで議論できなくなってしまいます。

ただし中長期的には、よりアグレッシブに「そもそもライン」を越えていくことは目指してください（私たち執筆陣も目指しています。ユーザー目線から誰も言ってなかった「そもそも」を持ち出すのが本来のUXデザインですから！）。

「クライアントを巻き込む」には?

皆さんの自前のカスタマージャーニーマップをもとに、それをブラッシュアップすることでクライアントに参加を促してみましょう。またユーザー調査をしないままにカスタマージャーニーマップを作りたい（または既に作ってみたが）という話を昨今ちらほら耳にします。これは逆にカスタマージャーニーマップだけでなくユーザー調査を提案・実施してみるチャンスでもあるので、うまく機会をとらえて経験を積んでいきましょう。

カスタマージャーニーマップの作成現場にクライアントを呼ぼう

カスタマージャーニーマップはさまざまな調査データをワークショップで分析しながら視覚化しており、複数の構成要素を1枚のマップで俯瞰させています。そのため初めて見る人にとっては情報量が多くパッと見ただけで理解することは難しいものです。また、ワークショップに参加していなかった関係者にとっては、完成物だけを見せられても“他人事”に感じる場合もあるのです。

可能であれば、クライアント側の担当者にワークショップ参加してもらうか、ワークショップを見学してもらい意見をいただくなど、カスタマージャーニーを考えることを“自分事”としてとらえてもらいましょう。

完成版の前に、仮説のカスタマージャーニーマップを共有して協力を仰ごう

とはいえ、制作会社側でカスタマージャーニーマップを作成して納品するという受託制作の場合、そうそうクライアントをワークショップに巻き込めるようなケースは少ないのが現実です。そのような場合は、完成版の前に、まず仮説段階のカスタマージャーニーマップの「ラフ」をクライアントとの打ち合わせに持ち込みましょう。

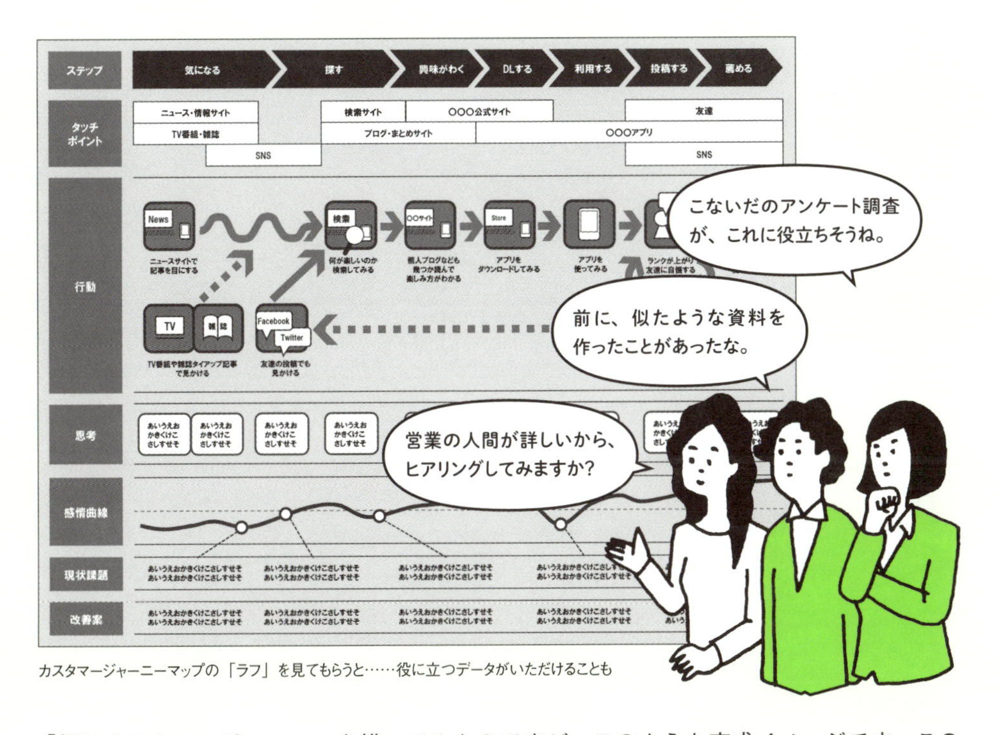

カスタマージャーニーマップの「ラフ」を見てもらうと……役に立つデータがいただけることも

「仮にカスタマージャーニーを描いてみたのですが、このような完成イメージです。このカスタマージャーニーを精査するために、貴社Webサイトや商品に詳しい○○様がご存じのファクトや、定量か定性の調査データがあればいただきたい」というようにお願いすると

うまくいくことがあります。

クライアント側の担当者は、自社Webサイトや自社製品・サービスについて誰よりも考えており、既に持っている知見やデータを伝えるということは“自分事”に近づきます。また、完成版ではないため意見を述べやすく、担当者自身が提供したファクトがカスタマージャーニーマップに含まれることで納得感が増すものです。

最終的なアウトプットはインフォグラフィックにして、他部署や上の方まで共有できる体裁にしておくと次につなげるという意味ではなお良いでしょう。

カスタマージャーニーマップの“事例紹介”

Web制作やデジタルマーケティングの現場では、カスタマージャーニーマップを作成するプロジェクトが急増しています。そのなかで実際の事例を2つご紹介します。

【ライト級】カスタマージャーニーマップの事例とプロセス

<プロジェクトデータ>

期間	全稼働	体制
1週間	2人日（16時間）	ディレクター×1人 デザイナー×1人 （社内インタビュー2名）

<目的>

カスタマーサポートWebサイトのプロジェクトにおいて、初めてカスタマージャーニーマップを作成するクライアントに対し、簡易調査でユーザー体験を可視化した例を見てもらい、今後どのような調査を具体的にすべきか検討するための叩き台を作る。

<プロセス>

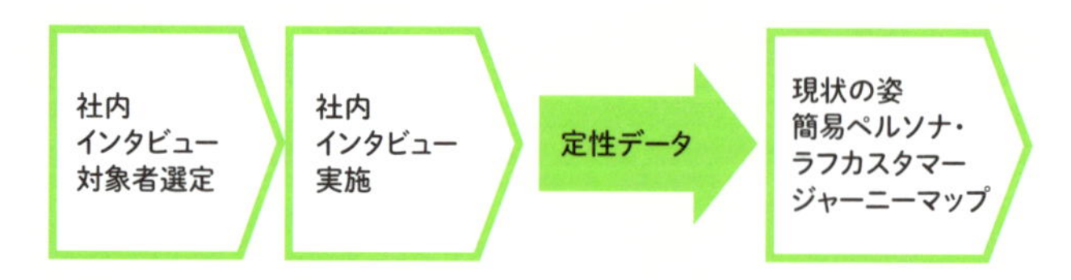

<ポイント>

予算をかけられないため、IMJ社員にサポート関連Webサイトの利用経験をインタビューして定性データを集め、社内ワークショップでラフなカスタマージャーニーマップを作成している。

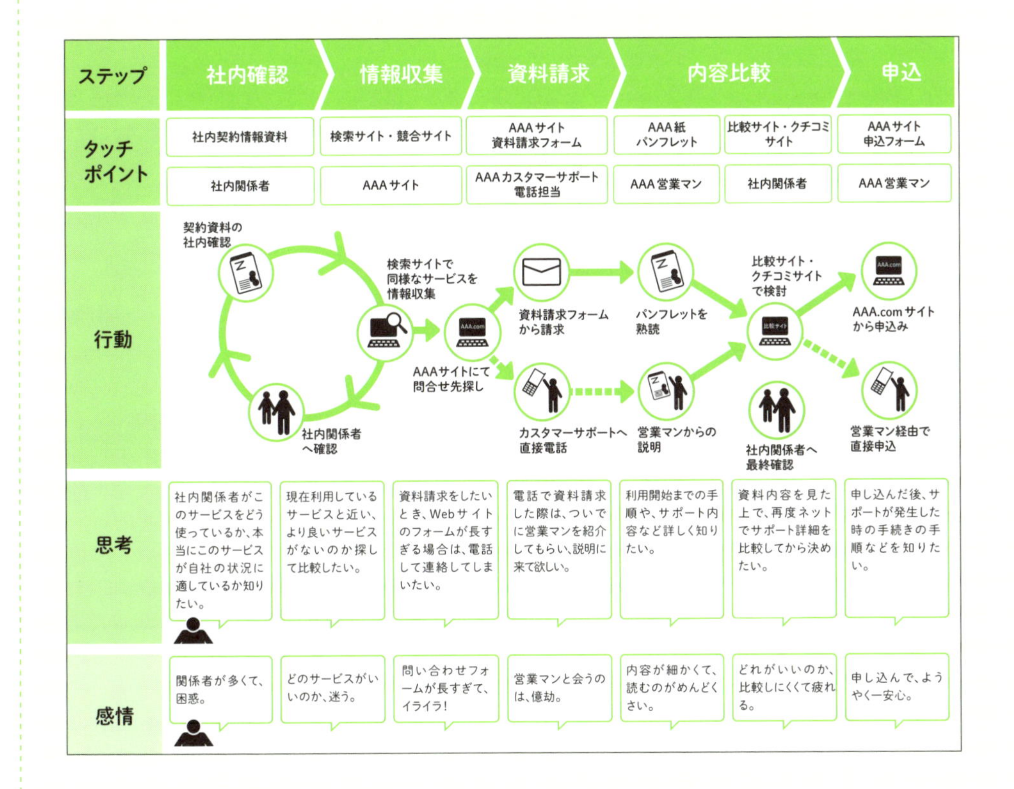

【ヘビー級】カスタマージャーニーマップの事例とプロセス

<プロジェクトデータ>

期間	全稼働	体制
2か月	40人日(320時間)	ディレクター×1人 クリエイティブディレクター×1人 リサーチャー×1人 HCD専門家×1人 (調査会社経由のインタビュー5名)

<目的>

ユーザーがどのように家電製品の選定をし、どのようにメーカーWebサイトを利用しているかなど、家電選定における現状のユーザー体験を明らかにし、クライアントの製品Webサイトのあるべき姿を描くこと。

<プロセス>

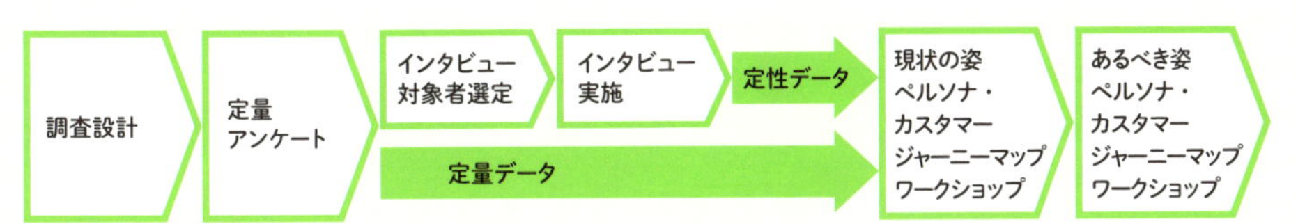

<ポイント>

通常のカスタマージャーニーマップをカスタマイズし、家電製品を選ぶ際に重要となる「候補メーカー機種」というレーンを新たに設け、プロジェクトのテーマの「商材」ならではのリアリティのあるユーザー体験をより具体的に描いている。

ステップ	きっかけ	情報収集				候補選定				購入	利用開始
タッチポイント	自宅リビング	比較サイトA	各メーカーサイト		同僚A 同僚B	量販店A 量販店B	カタログ	家族	比較サイトA	量販店A	自宅リビング
行動		予算の目安やランキングを調べる	各社の特長や機能を、ざっと見てみる		同僚はどのメーカーなのか、性能や機能などを聞いてみる	どの機種がいいか店員に聞く	カタログを詳しく見る	家族にも相談	購入予定機種を再度調べる	機種を伝えて、再度説明を聞く	自分で設置する
思考	家電●●に不具合が出はじめたから、すぐ新しいのを選んでおかないと	相場が分かってきたぞ	A社はサイトが見やすい C社はサイトが見にくい	この価格帯の製品がいいのかな	使っている人の意見はとても参考になる	カタログはとりあえず持ち帰ろう	A社のカタログは分かりやすい	家族に反対されないといいな	いいクチコミがやっぱり多いな		新しい製品は、以前のものよりも使いやすい
感情	このメーカーはダメだな、最近買ったばかりなのに…（怒）				A社、B社が欲しいかなあ	勧められたが、まだ不安…	A社がいい感じ	家族のOKがでて、良かった	クチコミ読んで、安心した	思ったより安かった！ラッキー！	新しい家電が増え、テンション上がる！
候補メーカー機種	◎A社○B社 △C社×D社（現在使っている）		◎A社○B社 ×C社×D社		◎A社○B社に絞る	◎A社○B社 具体的な型番を絞る	◎A社の型番も絞る				

7 章

共感ペルソナによるユーザーモデリング

ここまでの作業で、ようやくユーザーの本音が見えてきたと思います。これは今まで気づかなかった行動パターン、価値だと感じているポイント、不満足の仕組みが文章で表現され、ユーザーの輪郭を描くさまざまな定性データが得られている状態です。本章では、そのユーザーの輪郭を「具体的なユーザー像」としてくっきりと描き出し、プロジェクトメンバーにしっかり理解してもらうための方法としての共感ペルソナの作成方法をご紹介します。多人数の巻き込み、ワークショップでの実施などが前提となるためやや上級者向けではありますが、一度実施してみるとその有効性がすぐ理解できるはずですので、ぜひ学んで実践してみてください。

written by 太田 文明（株式会社アイ・エム・ジェイ）

7-1 プロジェクトメンバーの目線を揃える

プロジェクトにおいて「ユーザー像」という言葉を聞かれることも多いと思います。どんな人がユーザーなのか？というとても大事なキーワードなのですが、実際には年齢や性別のことを言っていたり、サービスの利用頻度のことを言っていたりと、決まったフォーマットがなくとらえどころがないこともしばしばです。そのような認識のズレは、プロジェクトにおいては致命的なミスに繋がる可能性がありますので、プロジェクトメンバーの目線を揃えるためにも、ここは注意しておきたいところです。

◇ユーザーモデリングという翻訳作業の重要性

通常、プロジェクトを進めるにあたってはさまざまなドキュメントが作られます。要件定義書から徐々に記述のレベルが細かくなっていき、設計書や仕様書を経て最終的な成果物（画面デザインやプログラムなど）に至ります。ウォーターフォール型開発と言われるものです。

このように順序立てて製品を作るやり方において、工程が進むごとに表現方法や言葉遣い、分量といったものがどんどん変わっていきます。これは、工程ごとに関わるメンバーが変わっていくため、そのメンバーにとって必要かつ十分なレベルで、そのメンバーにとって最適な表現方法で、何を作るかをきちんと伝え理解してもらうことが必要になってくるからです。

この「そのメンバーにとって最適な表現方法」という点がポイントです。たとえば、デザイナーとエンジニアでは仕事の内容が異なりますが、その違いを無視してしまうと「相手に分からない言葉で伝えてしまう」「伝えたつもりが伝わっていない」といったコミュニケーションの失敗が起こり、出てきたものをみてビックリという事故が発生します。筆者の経験上、このビックリの原因は相手ではなく自分側、伝える側のミスであることがほとんどです。これを筆者は“翻訳ミス”と捉えています。

ですから、ミスなく相手に伝わる言葉にきちんと翻訳して伝える作業、つまり、「そのメンバーにとって最適な表現方法」が必要になってきます。これは大きなプロジェクトだけでなく、数人で行うような小規模な制作作業においても同じです。以心伝心という見えない関係性に寄りかからず、丁寧に翻訳し、きちんと伝える方法を確立していけばこのような翻訳ミスは防げます。

そして、ユーザーモデリングとは、ユーザー像をしっかりと次の工程に伝える翻訳作業に他なりません。

◇ユーザー像ほど伝わりにくいものはない

たとえば、プロジェクトの立ち上がり時期に、クライアントから調査データやレポートなどが提供されることがあります。膨大な調査資料を前に「書いてあることは理解できるけど、ではこの次どうすればいいんだろう？」と感じたことはないでしょうか。あるいは、人によって資料の解釈が異なったり、そもそも個々人の解釈の余地が大きすぎて「人によって、こんなに捉え方が違うんだ」と感じたりしたことはないでしょうか。

これは、調査というフェーズから要求定義・設計という次のフェーズに渡すための適切な翻訳が行われていないために起こる、明らかな翻訳ミスです。具体的な次のアクションに結びつかないもの、次のアクションを迷わせてしまうような資料はプロジェクトにおいては不必要、それどころか害になりかねません。

そして、5章でご紹介してきた調査や分析の成果は、そもそも「何を、何のために作るのか」を問う重要な成果であるにもかかわらず、そうそう簡単には伝わらないものだと考えてみる必要があります。

つまり、他のどの工程よりも翻訳作業に力を注いで翻訳ミスなく伝えることが大変重要である、ということです。

この工程の成果がしっかり伝わらないと、工程が進むごとにユーザー像がぼやけていきます。メンバーによって見ているユーザーの姿が異なってしまったり、勝手な解釈でユーザーに間違った共感をしていたり、そもそもユーザーのことを分かった気になっているだけだったり、そういった方向性のブレが生じます。この認識のブレは、工程が進めば進むほど大きくなりますし、軌道修正することがどんどん難しくなってきます。

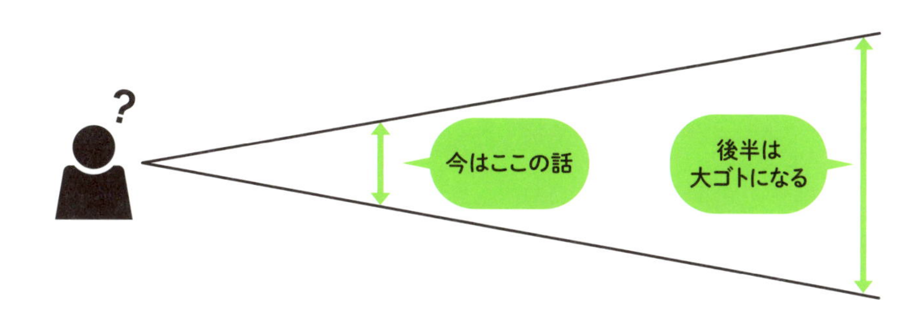

◇最低限の手間でしっかり伝わる「共感ペルソナ」

ユーザーモデリングとは、その言葉の通りユーザー像を「組み立てる＝モデリング」する作業です。組み立て終わった時点で、ユーザーという模型の完成品が見られるようになっていること、その結果ユーザー像をしっかりと共有できることがこの作業のゴールです。

世の中には色々な組み立て手法が存在していますが、本書では、小〜中規模のWeb制作プロジェクトにおいて簡単に使え、効果が最も出やすい手法として「共感ペルソナ作り」についてご紹介します。

MEMO

以前の章でも「ペルソナ」というものが紹介されています。本章との違いは、これまでのものは「簡易ペルソナ（プラグマティックペルソナ）」という調査や分析に基づかない仮のものであるのに対し、本章でご紹介するのは実際のデータを利用したリアルなユーザー像であるということです。簡易ペルソナはアジャイル開発などで利用されることが多く、頻繁に見直しと書き換えをすることを前提としていますが、本章のペルソナは長く利用される前提で緻密に作られることが大きな違いです。実際にはプロジェクトの規模や目的・フェーズに応じて臨機応変に使い分けることで、いずれにしてもペルソナ作りが重要であることがおわかりいただけると思います。

7-2 ペルソナとは?

なぜ「ペルソナ」という形でユーザー像を明らかにしなければいけないのでしょう。Web サイトを作るにあたり本当に必要な情報は何なのかを考えながら、新しい表現方法「共感ペルソナ」の作り方を学んでいただきたいと思います。

◇共感できる相手としての「ペルソナ」を作る

ペルソナを作る目的は、以下の２つです。

- ユーザーがいま何をしているかを捉える＝現在を描く
- ユーザーがこれからどうなっていくのかを捉える＝未来を描く

このふたつを、プロジェクトメンバー全員が一緒に考えられる状態にすることこそがペルソナ作りの目的です。語りかける対象としての人間としてのペルソナである必要があり、どこにいるか分からない架空のユーザーをでっちあげるのが目的ではありません。

そして、単にテンプレートに何かを落とし込むだけの作業ではペルソナは使えるようになりません。これまでの調査や分析の作業において、私たちが思いもよらないような欲求をユーザーが持ち、行動をすることが分かっているのであれば、次はそこに「共感」をすることが重要です。

そこで、本書では一般に紹介されているようなペルソナの作り方とは少し趣向を変えて、ゲームストーミングの手法として知られる共感図をベースにして作成する共感ペルソナをご紹介します。

ゲームストーミングとは、ゲームの仕組み、見た目の効果を使ってグループワークやワークショップをより良いものにしようという考え方です。たとえばアイデアを出したい、複雑な問題を解決するための糸口を見つけたい、そういった目的ごとに短時間で実施できる手法＝ゲームが多く考えられており、これらをまとめた書籍も出版されています。書籍にはワークショップ設計やファシリテーションのプロがいない現場でも、効果が出せる方法が紹介されていますので、興味がある方は是非ご一読ください。

ゲームストーミング　会議、チーム、プロジェクトを成功へと導く87のゲーム
共著：Dave Gray、Sunni Brown、James Macanufo
監訳：野村恭彦
出版社：オライリー・ジャパン（2011年）
ISBN：978-4873115054
※「Empathy Map（共感図法）」はXPLANEのスコット・マシューズが考案しました

◇ 共感図に実際の調査・分析データを加える

まず、共感図についてご紹介します。これは、以下の様なテンプレートを用いて複数人数でワークショップを行い、ユーザーの内面を探り共感を得るためのグループワーク手法です。

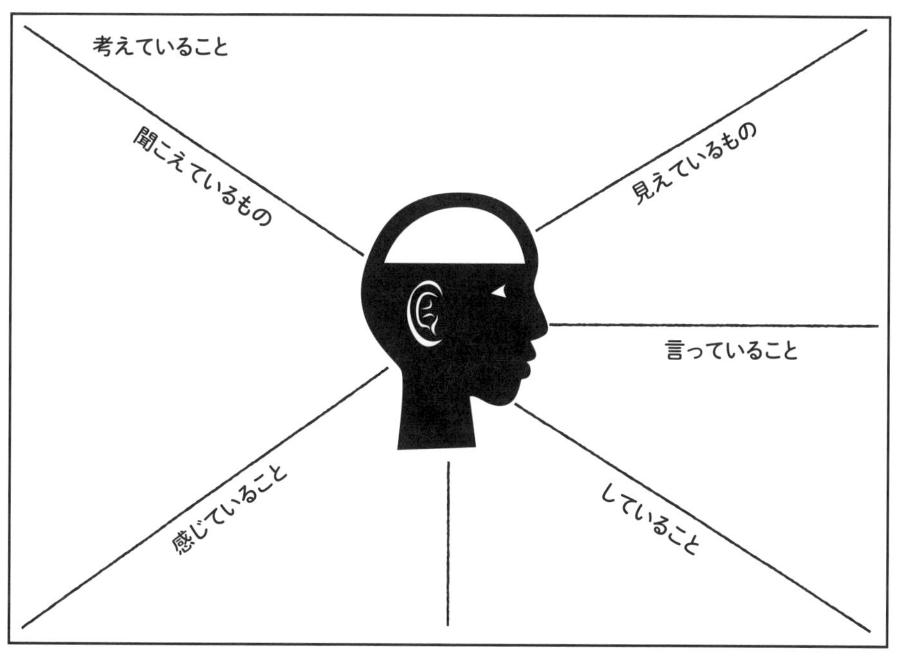

共感図の基本的なテンプレート

共感図では、下記のようにエリア分けをします。

- 見えているもの（SEEING）
- 言っていること（SAYING）
- していること（DOING）
- 感じていること（FEELING）
- 聞こえていること（HEARING）
- 考えていること（THINKING）

本来の共感図ではブレーンストーミングのように、「参加者が思いついたこと」を付箋に書いて上記のエリアにどんどん貼っていくものですが、共感ペルソナでは共感図のテンプレートを使いながら、その上に「実際の調査・分析結果データ」を貼っていきます。

実際のプロジェクトで作成された共感ペルソナをご紹介しながら説明します。記述・作成にあたって気をつけることは下記の３点です。

実際の調査データや分析データに基づいているか?

もともとの共感図はワークショップ形式で、参加者の経験などから想像を交えて記述するような使い方をしますが、ここではこれまでの調査・分析結果をふんだんに入れ込みながらリアルなユーザーの姿や行動を浮き彫りにしていきます。ここでなかなか埋まらないエリアがあるとすれば「もっと調査しなければならない部分が見つかった」という良い気づきにもなります。あくまで調査に基づく実際の定性データを利用することにこだわってみましょう。

文章量が豊富で、ユーザーの行動の背景や心理が記述されているか？

4章でご紹介した構造化シナリオ法においては、ユーザーの価値・行動・操作といった具体的なシナリオを文章にします。その際、ここで作成したペルソナは常に立ち返る根拠として利用されます。要約や省略をせず、ありのままを描きましょう。

プロジェクトの目的や調査テーマとの関連性が明白になっているか？

言うまでもないことですが、プロジェクトの目的に適った記述である必要があります。プロジェクトの今後の作業においてあまり必要のないような書き方、たとえば「趣味は自転車で、毎週100km走ってトレーニングしている」と表面的な事実を書いても設計にはあまり役立ちません。たとえば「毎週100km走るようなトレーニングを欠かさないようなストイックさがこのユーザーの行動の根拠になっている」といった事実の背景や理由まで踏み込んだ記述になれば、このペルソナが今後ある状況に置かれたとき、どんな反応や行動をするか（あるいはしないか）を予想する判断基準にできます。

◇ 共感ペルソナの作り方

さて、いよいよペルソナを図に表していきます。

まず、6章までに分析し終わった調査データを、この共感ペルソナに落とし込んでいきます。データは付箋に書いて、共感ペルソナの6エリアに分類しながらどんどん貼っていきます。事実に基づいたデータなので、「考えていること」以外の部分に、多く貼り出されるはずです。

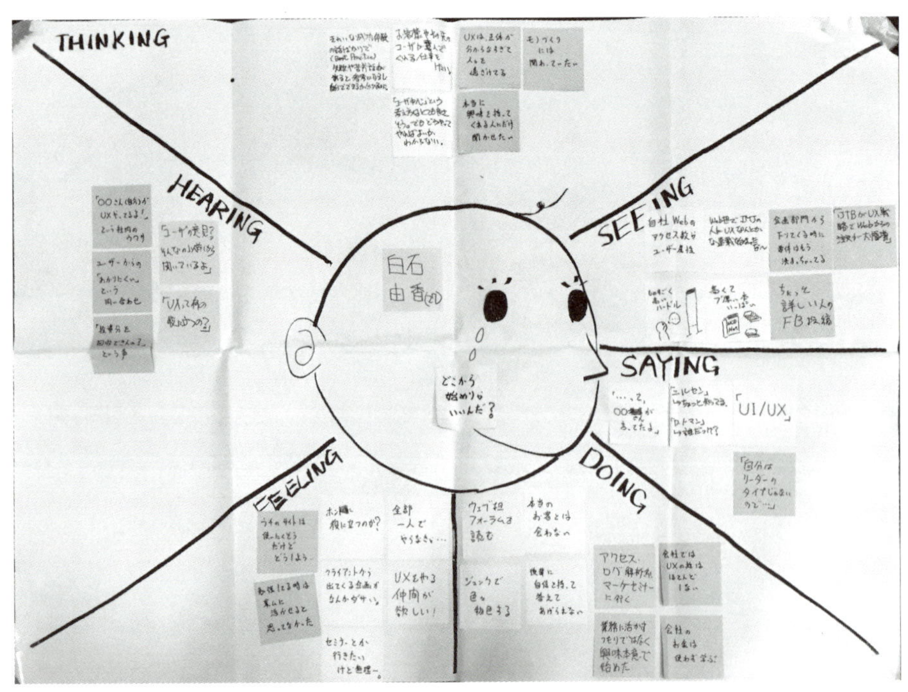

この本の想定読者白石由香の共感ペルソナ

そして、徐々に「考えていること」のエリアに進んでいきます。ユーザーが心の中で思っていたであろうこと、特に行動に影響を与えたであろうことを追加します。ここは単に落とし込むというよりはより深く探るような作業になりますので、ワークショップを通じて「みんなで一緒に考える」ことの意義が特に高くなってきます。

もしかすると定性データにない内容、私たちの想像で生み出したような言葉を書きたくなるかもしれませんが、実はここではそれも本作業の重要な成果です。付箋の色を変えて「これは私たちの推測である」ということが分かるようにすれば問題ありませんし、それが事実なのかを確かめるために追加調査をすると良いでしょう。

◇ペルソナの未来が予想できると更におもしろい！

未来予想というと大きな話にも聞こえますが、時間軸が意識できるようになるとペルソナ作りはとても面白くなります。というのも、ペルソナは今後もプロジェクトとともに生きていくわけですし、実際にWebサイトの公開・運用が開始されたら「実際に何が起こったのか」をきちんと追跡していくことになるはずです。

となると、ユーザーに対して何らかの解決策を提案したことがどのように役立ったのか、想定した効果が出たことでユーザーの行動がどう変わったのかといった視点で見ることができます。

共感ペルソナは、プロジェクトが続く限り変更を加えていくので、先ほどの例も下図のようにどんどん変貌していきました。このように実際に起きたことを更なる調査で明らかにして、イメージをより具体的に膨らませせます。

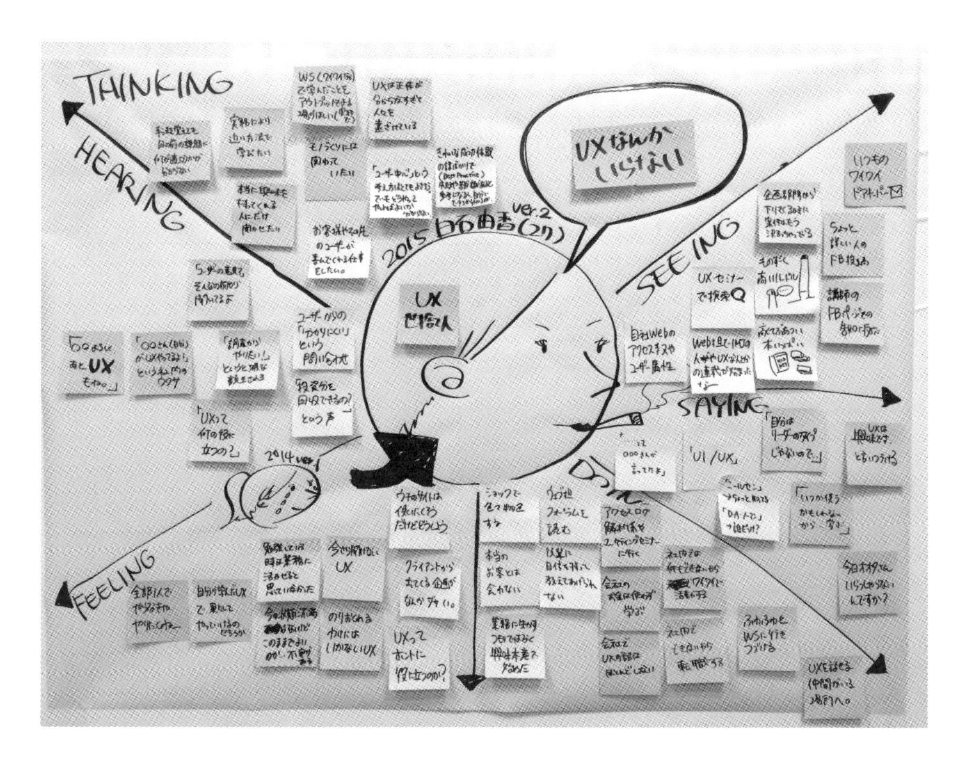

このような「時間軸を持ったペルソナ」を設計して、きちんとクライアントに説明できれば、Webサイトの制作作業だけでなく継続的な運用の仕事も提案できるようになっていきます（ここは受託ビジネスにおいてもとても重要なポイントです）。

7-3 最終段階：ユーザーに共感できるか?

最終的に「私たちが向かい合うユーザーはこんな人なのか」という共通の認識・ユーザーへの共感がここまでの作業を通じてプロジェクトメンバーに浸透していくこと、その認識と共感を土台として具体的な設計の根拠とすることができればペルソナ作りは成功です。ペルソナをいきなり完璧に作り込む必要はありません。

むしろ、少し足りない部分があるくらいの方が、ユーザーに対する議論がより活発になるかもしれません。成長するペルソナ、つまりいつまでも完成しないペルソナに寄り添えるようになれば、この作業はたいへん楽しいものになります。どんどんプロジェクトに取り込んでみて、その効果を実感してみてください。

COLUMN 「やって良かったか?」と振り返ってみる

ここまでご紹介した内容は、作業負担が大きいものばかりだったので、ある種の達成感があるかもしれません。しかし「やりっ放し」という状態になってしまってはとてももったいないので、「UXデザインの手法で調査・分析・可視化を行ったメリット」や「これをやらなかったらどうなっていたか」を考え、チームメンバーにそれらを伝えるということをしてみていただきたいと思います。プロジェクトのビフォー・アフターを明らかにする作業です。

具体的には、下記のような内容について振り返りをしてみると良いでしょう。

●ユーザーのゴール・感じている価値は何だったのか？
ユーザーは何を達成することを求めているのかをユーザーの言葉で理解できたか。

●ユーザーが感じている不満足や不快感は何だったのか？
ユーザーは何ができなくてイライラしているのかを理解できたか。

●これから作ろうとするWebサイトの果たすべき役割はどのようなものだったか？
上記のゴールを達成すること、あるいは不満足を解消するために、このWebサイトはどんな役割を果たすことができるのかを把握できたか。

●ユーザーにとっての制約事項は何だったのか？
ユーザーが置かれている環境やモノなどによる制約事項は何なのかを把握できたか。

もちろんすべてOKという状態にはなかなかなりません。それでも、本章で取り扱った各工程における作業の成果物としっかり関連付けられているかどうか、その成果物がきちんとプロジェクトで利用され、効果を上げているかどうかを振り返ってみると、次のプロジェクトではもっと上手に、そして楽にできるようになると思います。

そして最後に、これらを実施したことで従来のWebサイト制作作業と何が変わったのかを、チームメンバーに対して簡単にヒアリングしてみると良いでしょう。究極のゴールは、「いままではユーザーのことをまるで分かってなかった」といったようなコメントが得られること、つまり**ユーザー不在型デザインに対する気づきと反省**が得られることです。

今までより格段にユーザーがよく見えるようになった、という実感がどれくらいメンバーにあるのかを、常に意識しながら作業に臨んでみましょう。

8章

UXデザインを組織に導入する

これまでの章で紹介してきたさまざまなUXデザインの方法を一人あるいはプロジェクトメンバーで試してみて、もっと実際の自分たちの仕事に取り入れたいと思った場合、皆さんの上司や他の多くの関係者の同意や協力を取り付け、社内で広く継続的な取り組みにすることが必要になります。この章ではそういったUXデザインの導入活動について役立つと思われるいくつかの考え方・ツールを用意しました。

written by 常盤 晋作（株式会社アイ・エム・ジェイ）

8-1 UXデザインへの組織的な取り組み

UXデザインについて組織的に取り組んでみようとする際には、これまで扱ってきた手法以外にどのようなことが必要になり、それらをどのように進めれば良いのかについて説明します。

◇UXデザインの導入活動

「まず自分たちでやってみる」ところまではこれまでの章で扱ってきた手法を皆さんやその仲間内で理解・実践できていれば良いのですが、そこからさらにUXデザインを社内で広めようとする場合には個々の手法の理解・実践以外のことにも目を向けていく必要があります。そこでUXデザインへ組織的に取り組む場合に必要と思われる視点を4つに整理しました。

UXデザインの導入活動に必要な4つの視点

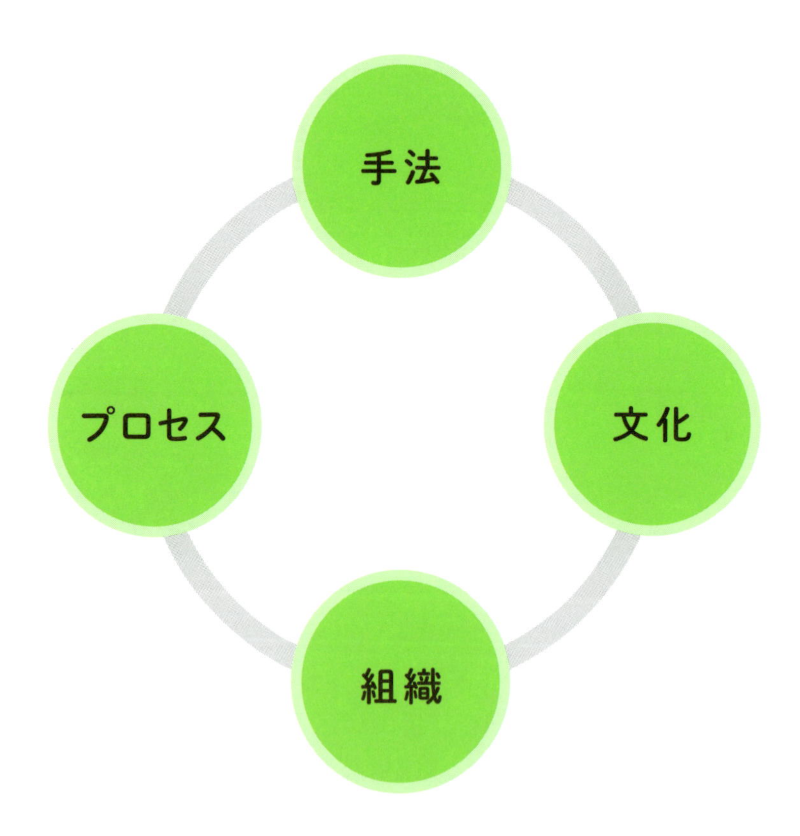

手法

- UXデザインチーム*による手法の提供・実施
- UXデザインチームが社内に提供可能な手法の明示

文化

- 取り組みの目的・価値・背景の理解・共有
- UXデザインの有効範囲についての理解・共有

組織

- 活動を担うUXデザインチームの編成
- 活動を続けるための育成・評価・採用の仕組み作り

プロセス

- 今までの仕事(業務プロセス)への統合
- 実務における継続的な実施

* ここではUXデザインを担当する人や組織のこと。専任者や専任チームとして担当するのか、業務やプロジェクトの中での役割としてUXデザインを担当するのかは区別せずに使っています。

あくまでこれらはUXデザインへの組織的な取り組みにおける理想的な姿で、実際の導入活動を行っていく場合にはこれらのどの部分から着手するか、どの部分に注力すべきかは会社ごとに異なってきます。以降のページでは皆さんが自分の会社で導入活動を行うときの具体的な進め方について説明します。

◇導入活動の進め方

UXデザインの導入活動を始めるにあたっては、そもそもどこから着手してどのように進めれば良いか戸惑うでしょうし、周囲にはUXデザインの導入よりももっと他のことを優先すべきと考える人も当然いるはずです。あるいは過去に社内で紹介してみたが定着しなかったり反対されてうまくいかなかったりした方もいるかもしれません。導入活動における戸惑いや疑問、解決すべき課題を取り扱うために次の3つのものを用意しました。

①UXデザインステージ

UXデザインへの取り組みに対する組織の状態を5つの段階（ステージ）に分けています。導入活動によってどのような状態を目指していくかを考えるために用います。

②ステークホルダーマップ

導入活動に対して直接的・間接的に関わりのある関係者を4つのタイプに分けています。導入活動に対する関係者のスタンスおよびその背景を整理・把握するために用います。

③UXデザイン導入シナリオ

導入活動のミッション・目標・強みを設定し、関係者への同意や協力の取り付け、説得や交渉に必要なアクションの計画を立てます。どこからどのように導入を進めていくかを具体的に検討するために用います。

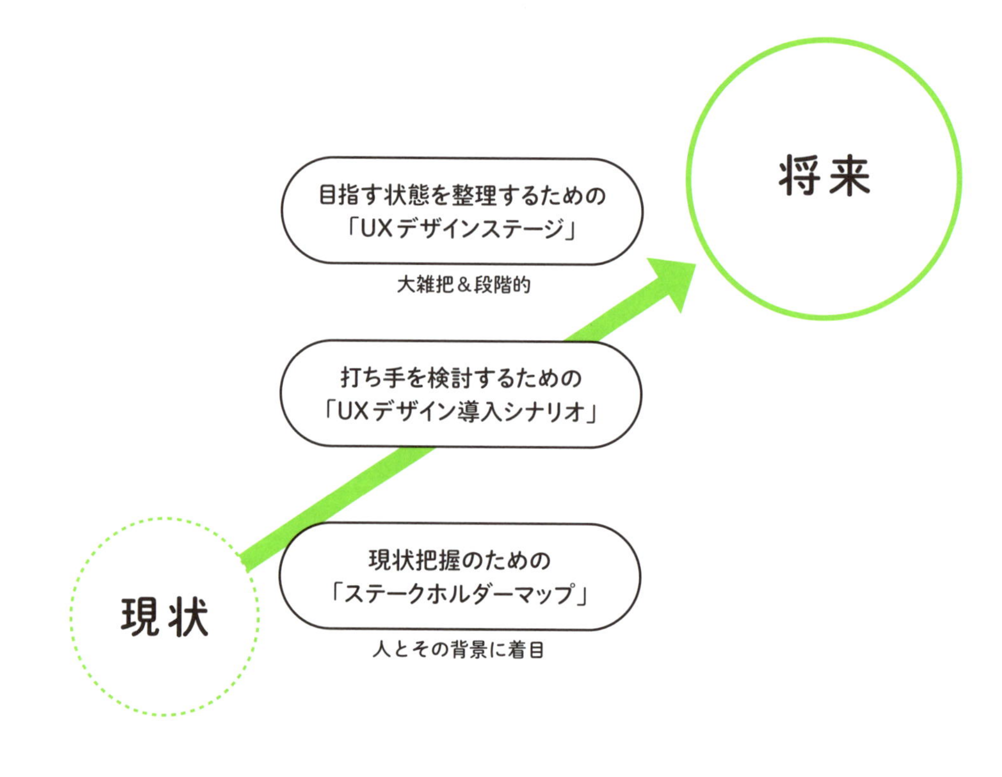

これら3つの考え方・ツールは次のように利用します。

1. UXデザインステージで目指すべき状態を明確にする

2. ステークホルダーマップを描いて
関係者のタイプと背景を整理・把握する

3. UXデザイン導入シナリオを描いて
具体的なアクションプランを立てる

4. 活動から得られたフィードバックをもとに
2と3をアップデートする

以降、繰り返し

以降のページでこれら3つについて、ひとつずつ順に説明します。

MEMO

これらの考え方・ツールは、筆者が今までの経験から整理・作成したものであり、その有用性に関して学問的な研究や検証を経たものではありません。またこの本の対象読者である受託業務で仕事をしている現場のディレクターやデザイナー、エンジニアの人が、ボトムアップ型でUXデザインを導入していくことを想定したものです（ただし自社で開発や事業運営を行っている会社の人やマネジメントの立場から導入活動を検討されている方でも多少アレンジすれば適用できると思います）。

8-2 UXデザインステージ

UXデザインへの取り組みに対する組織の状態を5つの段階（ステージ）に分けて整理*したものが「UXデザインステージ」です。導入活動によってどのような状態を目指していくかを考えるために用います。

◇5つの段階（ステージ）

「UXデザインステージ」ではUXデザインへの取り組みに対する組織の状態を、未活動の第1段階から統合的に活動している第5段階までの5つの段階（ステージ）に分けています。自分たちが現在どのような状態で次の目標としてどのような状態を目指すのかを考える目安にします。

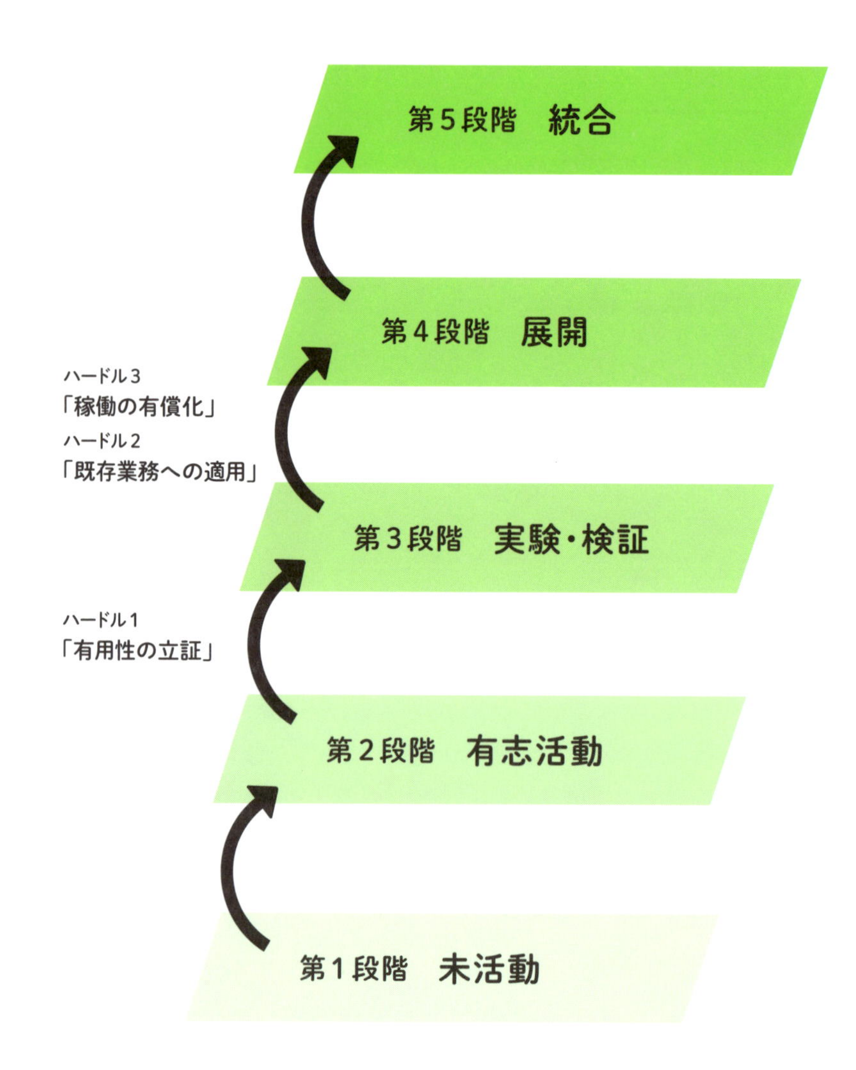

*：「ユーザビリティエンジニアリング（第2版）―ユーザエクスペリエンスのための調査、設計、評価手法」（樽本徹也著、2014）のChapter12「UCDの始め方」に記載されています。
　また、以下のWebサイト等でも触れられています。
・「競争優位を構築していくためのUX成熟度モデル」（スコット・プルース／2014［若狭修氏による日本語翻訳］）→現在の英語オリジナル版は内容をよりシンプルにした新版になっている https://drive.google.com/file/d/0B2vYl0IWI0PvLUx4RGcwUDhsbVE/view?usp=sharing
・「成熟度の水準に対応した人間中心設計の進め方」（黒須正明／2007）https://u-site.jp/lecture/20071024
・「企業ユーザビリティの成熟」（ヤコブ・ニールセン／2006）https://u-site.jp/alertbox/20060424_maturity → U-Siteに掲載されている日本語翻訳の記事

第1段階｜未活動

UXデザインに対する関心や期待が個人または仲間内で生まれた状態。個人レベルでの関心から情報収集や勉強などは行っているものの、あくまで個人レベルであり組織的な取り組みについては何もない段階です。

第2段階｜有志活動

自社にUXデザインを導入することへの社内合意がまだないこの段階での活動は、正式な組織やチームではなく、(業務外の時間などを利用した) 有志的に集まったメンバーによる勉強会や自主提案などの非公認活動のかたちでUXデザインに取り組んでいる段階です。

第3段階｜実験・検証

UXデザインが自社にとって取り組むべき価値があるものかを判断するために、パイロットプロジェクトなどで実験的・検証的にUXデザインへの取り組みが開始されている段階です。

第4段階｜展開

UXデザインを自社の新たなプロセス・スキルとしていくために、導入活動をこれまで担ってきたメンバーだけでなくマネジメントも組織への導入に関与し、自社の重要テーマとして扱われている段階です。

第5段階｜統合

UXデザインを既存の業務と統合するために組織・制度の両面が整備されている状態。UXデザインが自社の標準的な業務プロセスや成果物として扱われている段階です。

MEMO

自社の重要テーマとしてマネジメントがUXデザインの組織への導入に関わるようになる第4段階以降では、組織面 (UXに関する部門、役職、職責など) や人事面 (UXに関わる人材の評価、育成、採用など) の改編・整備といった、トップダウン型の活動スタイルが増してきます。そうなると「少人数の組織でのボトムアップ型の導入活動」というこの本で想定している読者の状況からは外れてくるため、第4段階以上は「UXデザインステージ」での方向性として記載するに留め、この章の以降のページでは第3段階までを想定した内容にしています。

◇3つのハードル

受託業務においてWebの制作・開発に携わる現場の人がボトムアップ型でUXデザインの導入を段階的に進めようとする際に、「UXデザインステージ」の段階の間にある3つのハードルについて触れておきます。後述する「UXデザイン導入シナリオ」を作成する際の参考にしてください。

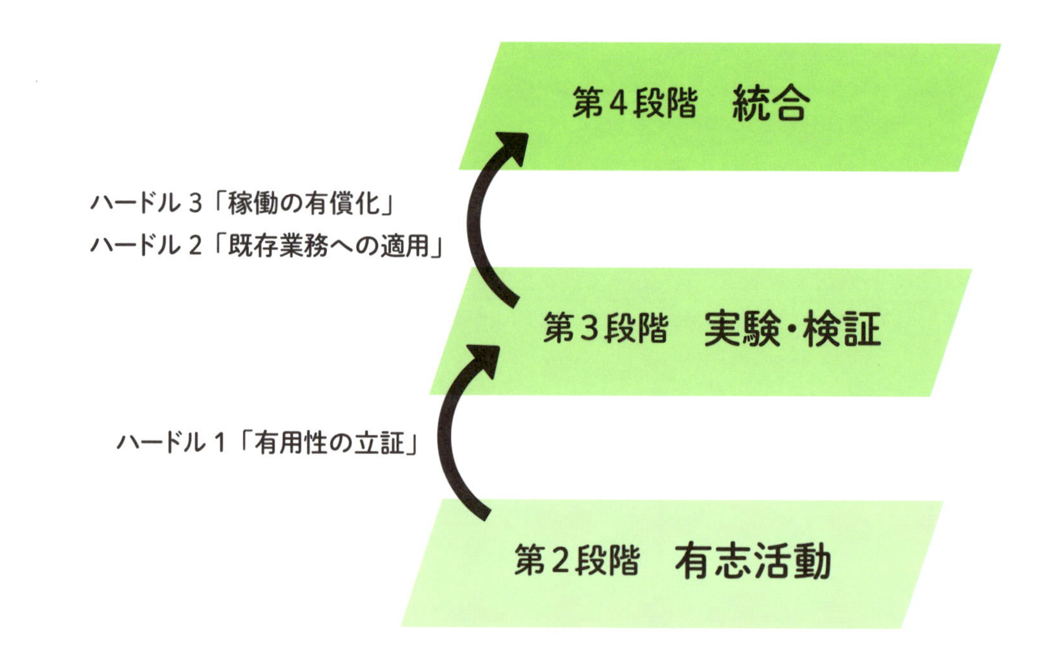

ハードル1 ｜ 有用性の立証

導入活動にあたっておそらく最初にぶつかると思われる壁は、「UXデザインって役に立つの？」という声に答えることでしょう（第2段階から第3段階へのハードル）。

そのためにはUXデザインを取り入れたことで「今まで悩みだったことが解決できた」「以前からしたかったことが実現できた」ことが伝わるような成功事例を、小さな規模でも部分的な導入でも良いのでなるべく早期に作り出すことです。そうしないと自分やメンバーの士気が下がり、社内で中断の圧力がかかって立ち消えになる可能性があります。

ですから、成功事例を積み上げながらUXデザインの有用性を立証することが必要です。

MEMO

ハードル1を越えるためのポイント

- 「UXデザインって役に立つの？」という周囲の声に対し、成功事例を示して有用性を立証する
- その事例を通して社内認知活動を行い、UXデザインの有用性をわかりやすく説明・訴求する

成功体験と代表事例

ハードル1：有用性の立証

ハードル2 ｜ 既存業務への適用

UXデザインの導入活動に対して、社内外の一部からは「スケジュールや予算を圧迫する取り組み」「自分の仕事をやりづらくする取り組み」と受け取られる場合もあるはずです（第3段階から第4段階へのハードル）。

そういった声に対しては、スケジュールやプロセスをなるべく変更せず、また予算もかけずにUXデザインを試せるようにして、変化に対する抵抗の壁を越えることも必要です。

まずはユーザビリティテストを部分的に取り入れる、ワイヤーフレームの作成とペーパープロトタイプによる検証を並行して実施できるよう工夫する、知り合いに仕事帰りにカフェでインタビューをしてその結果をチームメンバーに口頭で伝える、などの自社で実施可能な方法を探ってみてください

MEMO

ハードル2を越えるためのポイント

- スケジュールやプロセスをなるべく変更せずにUXデザインを試せるようにする
- リソース（人・モノ・金）をなるべくかけずにUXデザインを試せるようにする

最小限の変更と最低限のリソース

ハードル 2：既存業務への適用

ハードル3｜稼働の有償化

受託業務への導入にあたって最も大きな壁になりそうなのが「UXデザインって仕事になるの？」という声に答えることです（第3段階から第4段階へのハードル）。

そのためにはUXデザインの仕事がクライアントから“正規の仕事”として受注できることを示し、収益化の壁を越えることが必要です。UXデザインのアプローチが必要かつ有効なプロジェクトかどうかをしっかり見極めた上で、クライアントが今までのやり方に対して限界を感じていたり新しいアプローチを模索していたりするようであればUXデザインのアプローチを提案しましょう。

自社での分かりやすい成果や近い業界での事例やエピソードがまだない場合には、実際に他のプロジェクトで利用したプロトタイプ、ユーザビリティテストをした際のビデオ、フィールドワークを行った際の写真やメモ、調査結果を分析した際の付箋群など、なるべくリアルで具体的なサンプルを用意して、クライアントの問題解決や機会探索に対してUXデザインアプローチが今までのやり方以上に効果があることが伝わるようにしましょう。

MEMO

ハードル3を越えるためのポイント

- 今までのアプローチに限界を感じている、または新しいアプローチを模索しているクライアントに向けて提案する
- 分かりやすい成果や事例がまだない場合は、他プロジェクトの中間成果物を使ってUXデザインのプロセスと手法が効果的であることを具体的に示す。

クライアント状況の見極め

ハードル3：稼働の有償化

MEMO

UXデザインでは提案段階で結果の予測値や費用対効果を示すことが難しいため、提案されるクライアントの立場からすればどうしても「プロセスと手法は示されるものの得られる効果が実施後でないと分からない（具体的なものが見られないという意味で）」ものであることは念頭に置いておくと良いでしょう。

プロジェクト実績がほとんどない段階ではUXデザイン部分を無償や値引きを条件にクライアントの合意のもとパイロットプロジェクトとして実施して実績づくりや検証を行うこと自体は非常に有効な活動ではあるものの、いつまでも無償や大バーゲンのままでいると、クライアントはタダ（あるいはお得）だからやってみているのかあるいは本当に価値あるものとしてみなしてくれているのか判断ができませんし、社内的にも導入活動に対してそれ以上の支援は得られないはずなのでご注意を。

8-3 ステークホルダーマップ

「ステークホルダーマップ」は「UXデザインステージ」とは異なり、空欄を埋めていくことで現状の整理・把握をするためのシートです。始めにシート内の要素について説明し、続いて使い方と作成事例を紹介します。

◇ステークホルダーマップを使って整理・把握できること

- どのようなタイプの関係者がどの程度いるか
- 関係者のタイプ別の背景や理由は何か
- 導入活動に不足している関係者、必要な関係者は誰か
- 関係者と交渉する際のポイントは何か
- 関係者がタイプが変わるとしたら何がキーになるか

◇4タイプの関係者

「ステークホルダーマップ」では、導入活動に対して直接的・間接的に関わりのあるメンバーを4タイプに分けて整理・把握しています。

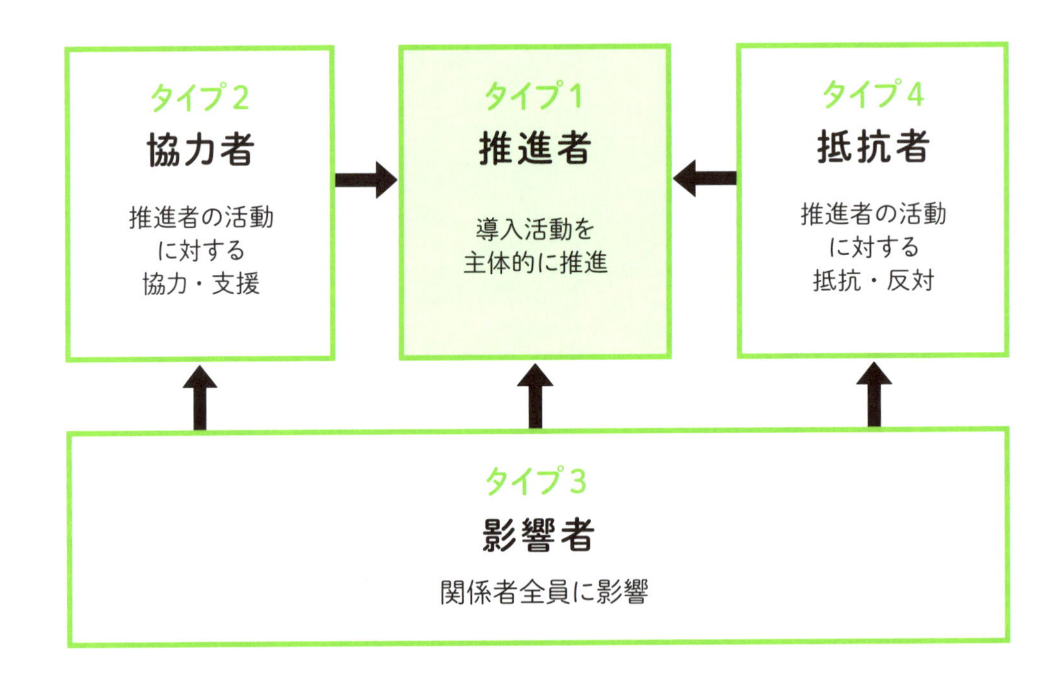

タイプ1 ｜ 推進者

皆さんと一緒に導入活動を主体的に進めていくメンバーおよびその候補です。

タイプ2 ｜ 協力者

推進者のように皆さんと一緒になって主体的に導入活動に関わることはないものの、推進者の活動

に対して一定の理解を示し、支援や協力をしてくれるメンバーおよびその候補です。

タイプ3｜影響者

導入活動とは無関係に、社内で情報発信力や伝播力が強く“声の大きい”メンバー、この人が興味をもつことには社内の多くの人が注目するようなメンバーおよびその候補です。

タイプ4｜抵抗者

導入活動に対して、抵抗を示すような立場をとるメンバーおよびその候補です。

◇背景・外部環境

関係者の背景についてもタイプごとに整理・把握します。関係者の役割や目標、ペイン[*1]/ゲイン[*2]はこの背景によって産み出されたり影響されたりするので、それらがどのようなものなのかについても整理しておきます。

また導入活動に関して関係者全員に影響を与えうる要素（市場や競合の動向、政治/経済/社会/技術の動向など）があれば、それらも外部環境として整理しておきます。

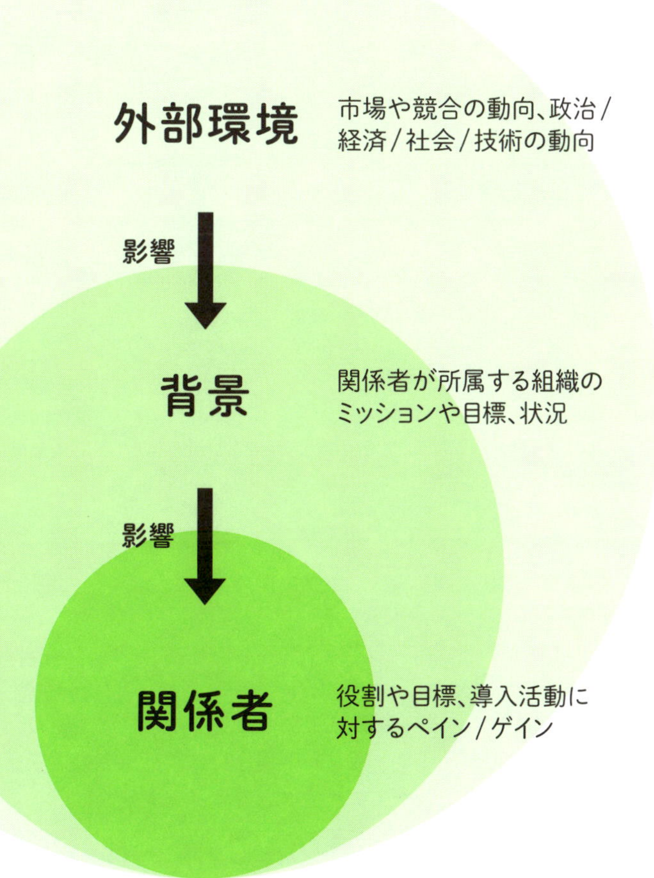

＊1：苦労や悩み、嫌なこと、避けたいこと　＊2：報酬や動機、嬉しいこと、得たいこと

◇ ステークホルダーマップの記入の仕方

1. 4タイプの各ボックスに関係者（候補を含む）の名前を書きます。
2. それぞれの役割や目標、導入活動に対するペイン/ゲインを本人や周囲の人に聞いて名前の脇に書いていきます。
3. その下にある背景のボックスに、関係者が所属する組織のミッションや目標、状況を書きます。
4. 一番外側にある外部環境のマスには、少し広い視点から眺めて導入活動に対して影響を与えうる要素があれば書いておきます。

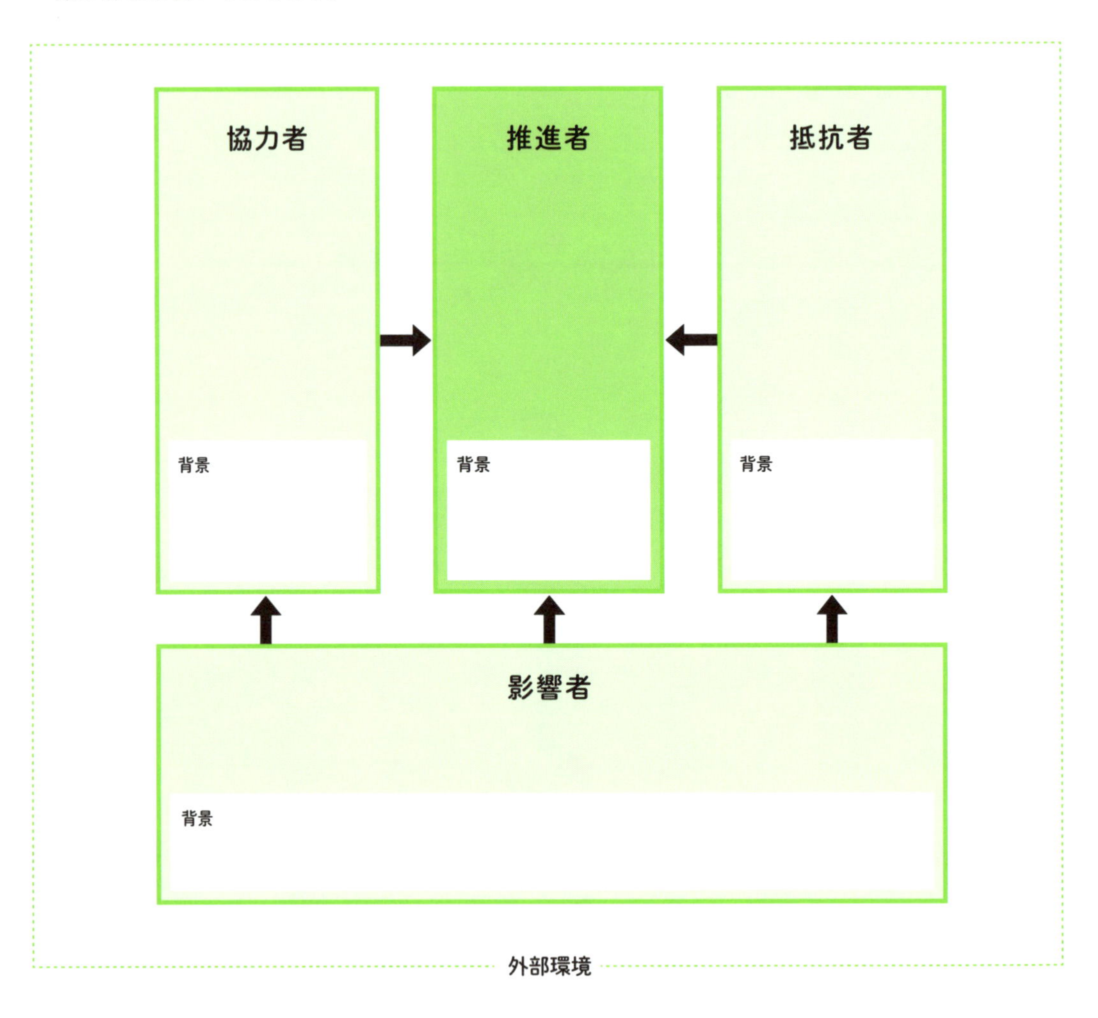

> **MEMO**
>
> 備考：
> - 一人ではなく、なるべく複数名で話し合いながら作成すると良いでしょう
> - 本人や周囲の人から情報が取れない場合には現時点での仮説を考えて書きます
> - 関係者の表面的な立場や肩書きにではなく、導入活動に関わることで関係者に生じるペイン/ゲインに着目してください

◇記入時のポイント

推進者について

UXデザインの導入に対して同じ志をもつメンバーであっても、それぞれの違いは整理・把握しておきます。たとえば「エンドユーザーのためになるデザインについてずっと模索していた」人と「他の同僚にはない新たなスキルとして身につけたい」人では、UXデザインに対するモチベーションのあり方や関心のポイントは異なるでしょう。

背景に関しても同様に、「各人に新たなデザインスキルを磨くことを求めているディレクションチーム」に所属しているメンバーと、「各人に新規クライアントを3件以上獲得することを求めているプロデュースチーム」に所属しているメンバーとでは、活動への関わり方は異なるでしょう。

協力者について

協力者が導入活動への支援・協力をする（するかもしれない）理由は必ずしもUXデザイン自体と関係あるとは限らず、たとえば「クライアント向けの新しいサービスや商材としての可能性」や「競合他社との差別化」などのようなビジネス上の理由かもしれません。あくまで協力者の視点から導入活動との関わりを整理します。

また協力者（やその候補）は皆さんの上司かもしれませんし、皆さんの上司は抵抗者でも隣の部署の上長や別の役員が協力者ということもあるかもしれません。あるいは付き合いのある社外の人や取引先が協力者になりうるかもしれません。

影響者について

影響者の情報発信・伝達の力を導入活動に活かすために、他と同様、影響者の視点に立って導入活動に関わることで生じるペイン/ゲインを把握・整理します。影響者は同時に推進者・協力者・抵抗者でもありえます。このように影響者は活動に対してプラスにもマイナスにもその影響力を発揮する可能性があります。

また影響者は何も“人”だけでなく、たとえばWeb制作に関わる人たちが注目している情報サイトや社内のメルマガや休憩スペースにある掲示板などの“モノ”かもしれません。

抵抗者について

抵抗者についても、他と同様、抵抗者の視点から導入活動にどのようなデメリットがあると考えているのかを整理・把握します。

また現在の抵抗者は何かのきっかけで協力者や推進者になるかもしれませんし、反対に現在は協力者や推進者でもそのうち抵抗者になるメンバーがいるかもしれません。特に後者についてはどのようなときに抵抗者となる可能性があるか、事前に検討・整理しておきます。

作成事例

企業の中でUXデザインの導入に取り組んでいる方、これから取り組もうとしている方に、実際の状況に基づいてステークホルダーマップを作成してもらいました。皆さんが書く際の参考にしてください。

ステークホルダーマップ作成事例（国内医療関連サービス事業者）

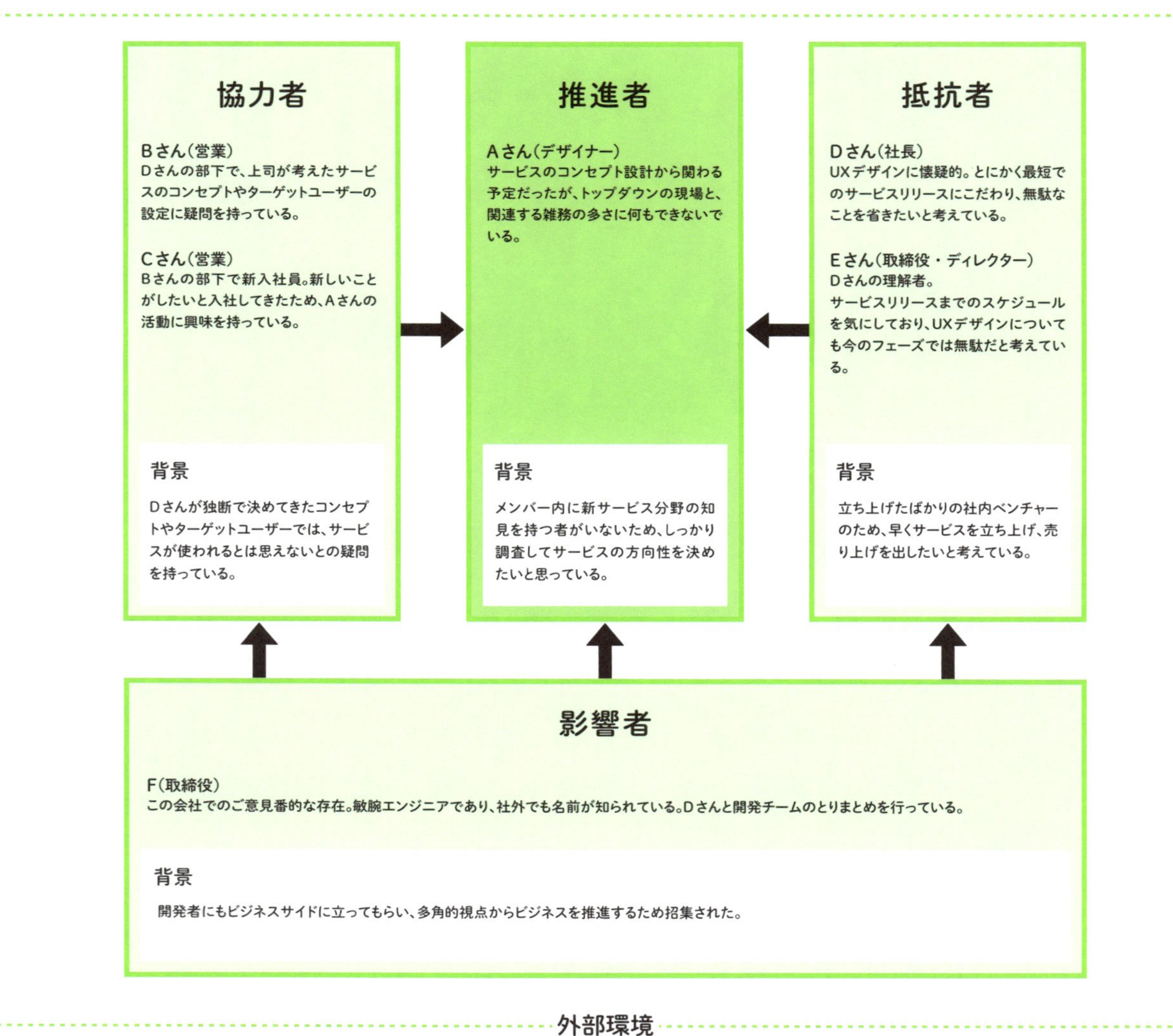

ステークホルダーマップ作成事例（サイバーエージェント社／アメーバピグプロジェクト）

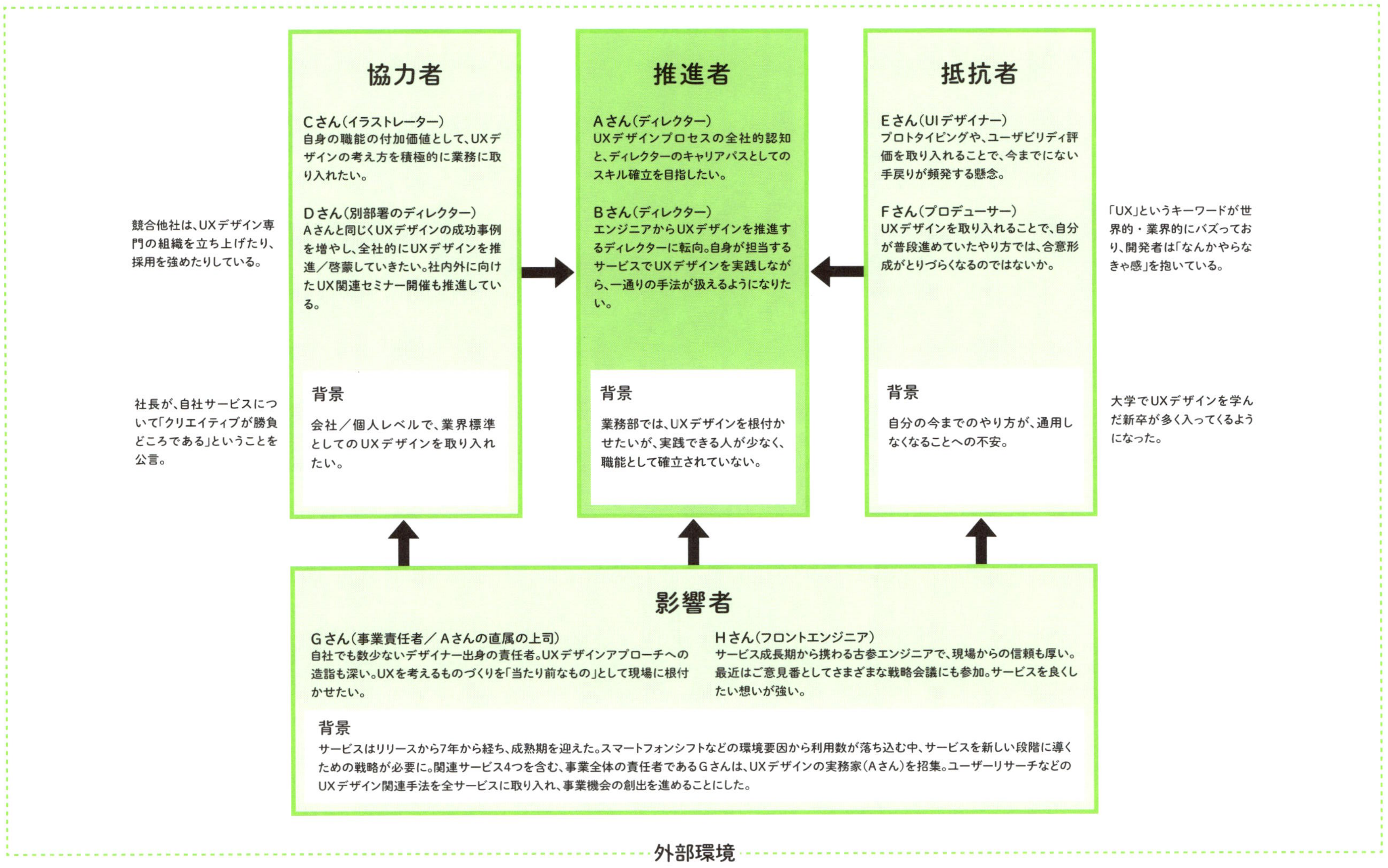

競合他社は、UXデザイン専門の組織を立ち上げたり、採用を強めたりしている。

社長が、自社サービスについて「クリエイティブが勝負どころである」ということを公言。

協力者

Cさん（イラストレーター）
自身の職能の付加価値として、UXデザインの考え方を積極的に業務に取り入れたい。

Dさん（別部署のディレクター）
Aさんと同じくUXデザインの成功事例を増やし、全社的にUXデザインを推進／啓蒙していきたい。社内外に向けたUX関連セミナー開催も推進している。

背景
会社／個人レベルで、業界標準としてのUXデザインを取り入れたい。

推進者

Aさん（ディレクター）
UXデザインプロセスの全社的認知と、ディレクターのキャリアパスとしてのスキル確立を目指したい。

Bさん（ディレクター）
エンジニアからUXデザインを推進するディレクターに転向。自身が担当するサービスでUXデザインを実践しながら、一通りの手法が扱えるようになりたい。

背景
業務部では、UXデザインを根付かせたいが、実践できる人が少なく、職能として確立されていない。

抵抗者

Eさん（UIデザイナー）
プロトタイピングや、ユーザビリティ評価を取り入れることで、今までにない手戻りが頻発する懸念。

Fさん（プロデューサー）
UXデザインを取り入れることで、自分が普段進めていたやり方では、合意形成がとりづらくなるのではないか。

背景
自分の今までのやり方が、通用しなくなることへの不安。

「UX」というキーワードが世界的・業界的にバズっており、開発者は「なんかやらなきゃ感」を抱いている。

大学でUXデザインを学んだ新卒が多く入ってくるようになった。

影響者

Gさん（事業責任者／Aさんの直属の上司）
自社でも数少ないデザイナー出身の責任者。UXデザインアプローチへの造詣も深い。UXを考えるものづくりを「当たり前なもの」として現場に根付かせたい。

Hさん（フロントエンジニア）
サービス成長期から携わる古参エンジニアで、現場からの信頼も厚い。最近はご意見番としてさまざまな戦略会議にも参加。サービスを良くしたい想いが強い。

背景
サービスはリリースから7年から経ち、成熟期を迎えた。スマートフォンシフトなどの環境要因から利用数が落ち込む中、サービスを新しい段階に導くための戦略が必要に。関連サービス4つを含む、事業全体の責任者であるGさんは、UXデザインの実務家（Aさん）を招集。ユーザーリサーチなどのUXデザイン関連手法を全サービスに取り入れ、事業機会の創出を進めることにした。

外部環境

ステークホルダーマップ作成事例（国内Web制作会社）

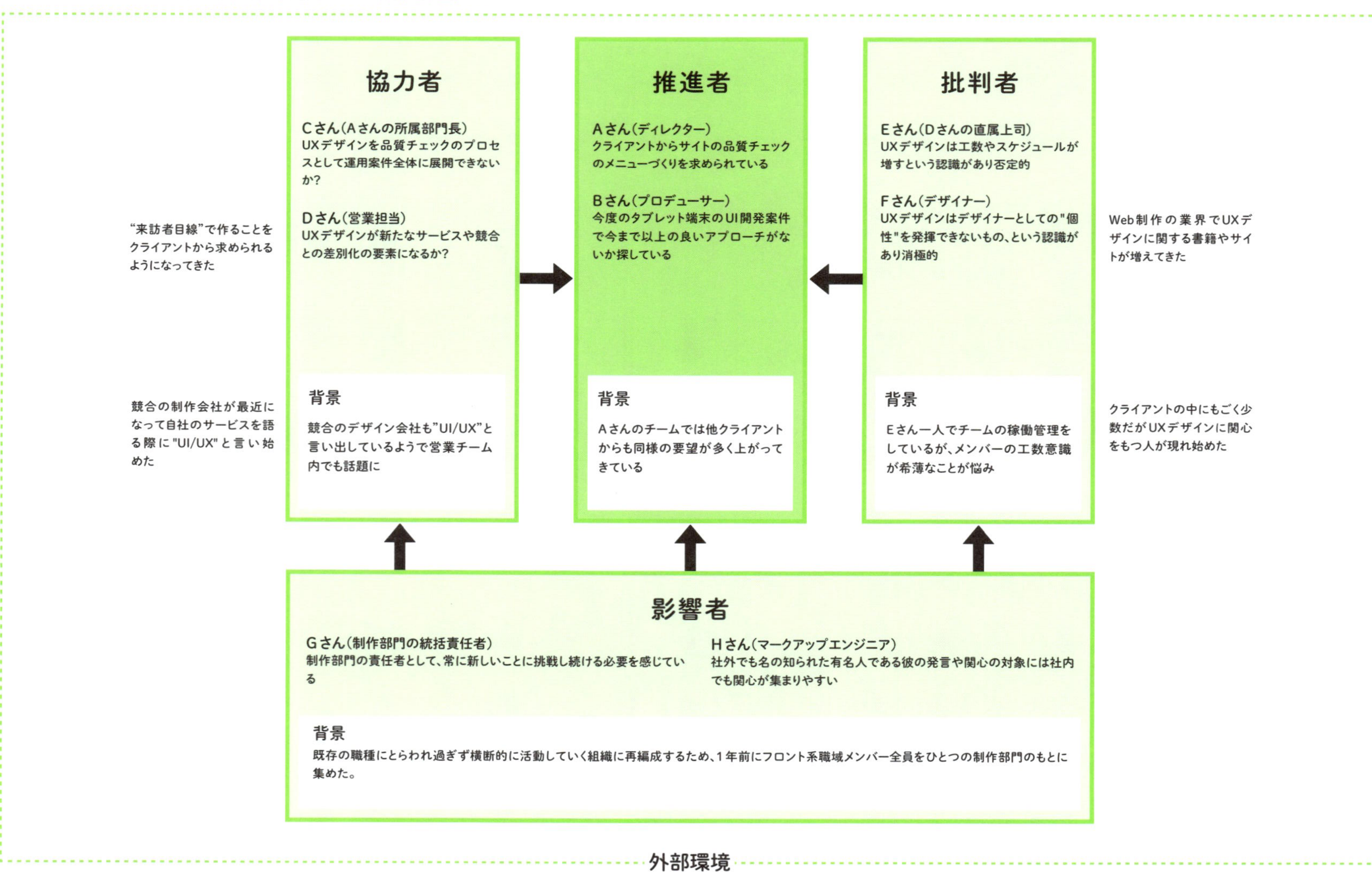

8-4 UXデザイン導入シナリオ

「UXデザイン導入シナリオ」は、空欄を埋めていくことで事前に導入活動の計画を立てておくことに使います。シートは大きく左側と右側で構成されていて、左側を使って導入活動のミッション・目標・強みを設定し、右側を使って関係者への同意や協力の取り付け、説得や交渉に必要なアクションの計画を立てます。初めにシート内の要素について説明し、続いて使い方と作成事例を紹介します。

「UXデザイン導入シナリオ」を使うメリット

- 導入活動の目標や方針を検討したり、共有したりしやすくなる
- 導入活動において推進メンバーがもっている強みを明確にできる
- 導入活動において力をかけるべきところとそうでないところを明確にできる
- 導入活動の計画変更が必要になった際に見直しをしやすくなる

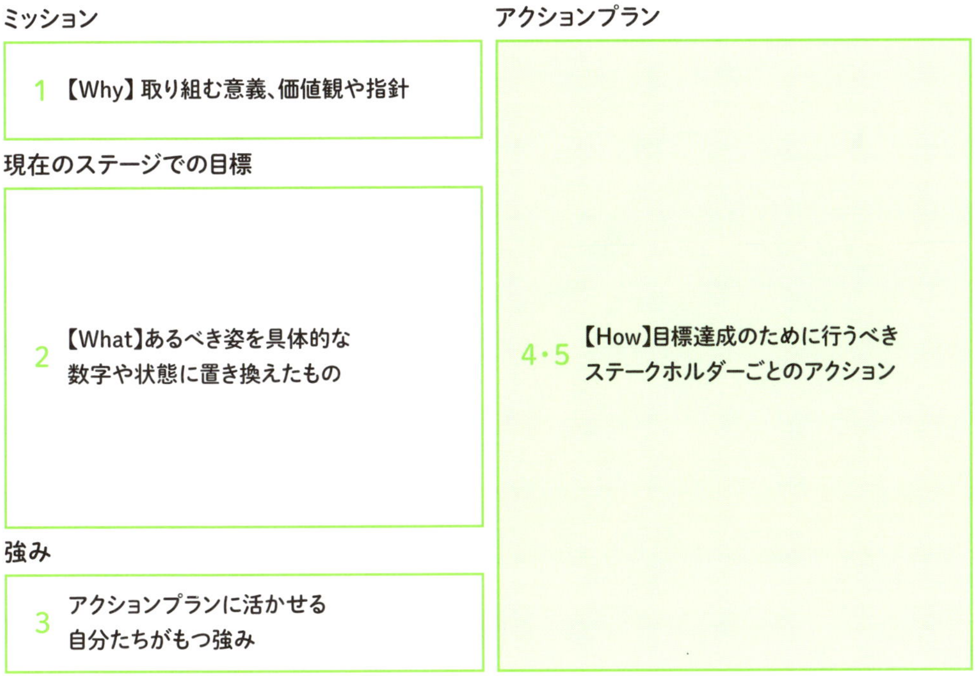

ミッション

1 【Why】取り組む意義、価値観や指針

現在のステージでの目標

2 【What】あるべき姿を具体的な数字や状態に置き換えたもの

強み

3 アクションプランに活かせる自分たちがもつ強み

アクションプラン

4・5 【How】目標達成のために行うべきステークホルダーごとのアクション

◇ミッション・目標・強み

ミッション

ミッションは皆さんが導入活動を行う意義であり、推進メンバー全員で共有すべき価値観や一貫した指針として判断の拠りどころとなるものです。ですので「UXデザインステージ」がどの段階になっても基本的には変わりません。

目標

次の段階で目指すべきUXデザインへの取り組みの姿を、具体的な目標に置き換えたものです。目標は理想目標／必達目標に分かれていて、前者は望みうるベストな達成状態、後者はこれより低いと目指すべき姿が満たせなくなるぎりぎりの状態です。

目標に幅を設けておくことで関係者との調整・交渉を行う際の判断基準や譲歩可能な範囲を予め準備しておけるようになります。

強み

導入活動には関係者との調整・交渉がつきものですので、それに際して皆さんや推進メンバーにどのような強みがあるのかを明らかにしておきます。もしかしたら「今の自分たちに強みなんて言えるものは何もない」と思う方もいるかもしれませんが、調整・交渉の際に何が強みになりそうか考えること自体がアクションプランのヒントや材料になりますので、少しでも有利になりそうなことであれば些細なことで構いませんので強みをいくつも考えてみてください。

◇アクションプラン

目標達成に向けて皆さんと推進メンバーで取り組んでいく具体的な活動計画です。アクションプランは4タイプの関係者ごと分けて立てます。

どのような取り組みが効果的かは、会社や組織の特性や文化によって異なりますので、試行錯誤を繰り返しながら有効なアプローチを探ってください。

◇UXデザイン導入シナリオの使い方

先に用意した「UXデザインステージ」を将来目指すべき状態として、同じく「ステークホルダーマップ」を現在の状態として、それぞれを参照しながら「UXデザイン導入シナリオ」でその両者をつなぐ方法を考えていきます。

1. シートの左側上部にあるミッション欄に記入します。「UXデザインの導入を通して生活者の体験を豊かにする」「クライアントがユーザーの本質的な欲求に基づいたサービスを提供していくことをパートナーとして支援する」のように、導入活動を行う意義、推進メンバー全員で共有すべき価値観や一貫した指針となるものを書きます。
「プロジェクトメンバー全員がUXデザインを理解する」「納品対象の全サイトでユーザビリティ評価が行われている」のようなものはミッション実現の“過程”や“状態”なので、次にある目標のマスに書くようにします。

2. シートの左側中央にある目標欄に記入します。アクションプランを考えやすくするためにも、目標はなるべく次のように設定することをおすすめします。

- 一度に設定する目標は最大3つまでに絞る
- 「《対象》を《期限まで》に《状態》にする」の形式にする
  例「推進メンバーを半年後までに5名以上にする」
- 理想目標と必達目標に分ける
  例「理想目標｜活動時間を来週以降、週4時間以上確保する」

「必達目標｜活動時間を来月以降、月8時間以上確保する」

3. シートの左側下部にある強みのマスを書きます。強みについては先にも書いた通り「社内の情報や人脈に長けたメンバーがいる」「所属部署では若手の自主的な取り組みに寛容」「推進メンバーのAさんが話すことには抵抗者のBさんも耳を貸す」のように些細なことでも構わないので、推進メンバーで話し合いながらなるべく多く書き出してみましょう。

4. シートの右側にあるアクションプランのマスを書きます。目標と強みを参照しながら具体的な活動についてのアイデアを出していきましょう。迷いが生じたときはミッションに立ち返って考えてみてください。

5. アクションプランのアイデアの中から推進メンバーで絞り込んだものをシートに記載したらあとは実行あるのみです。取り組みから得られたフィードバックをもとに適宜「ステークホルダーマップ」と「UXデザイン導入シナリオ」をアップデートします。

ミッション

現在のステージでの目標

理想目標	《対象》を・《状態》にする・《期限》までに	必達目標

強み

アクションプラン

対 推進者	対 影響者
対 協力者	対 抵抗者

8章 UXデザインを組織に導入する

◇アクションプラン作成のポイント

推進者向け

推進者に対しては、一緒に活動をしていく新たなメンバーを見つける、活動に必要な時間や予算を確保する、そのための承認を取り付ける、活動への参加に対する敷居を下げる、メンバーのモチベーションを維持する、メンバーの上司などにの理解向上を図る、などのアクションを目標に沿って考えましょう。

たとえば活動初期の段階でまずは興味を持ってもらえそうな人を探すときには、人が多く通る出入り口付近の壁に活動の告知や成果物を掲示する、会議室ではなくオープンスペースで活動をするなどで露出と接触の機会を増やし、興味をもった人が気軽に声をかけたり質問したりしやすい雰囲気作りを心がけると良いでしょう。

協力者向け

協力者に対してはどういった観点から支援や協力を打診するのが良さそうか考えましょう。すぐに協力者が見当たらない場合には、この人からの支援・協力をぜひ取り付けたいという人を理想目標に、実現性の高そうな人やアプローチできる人を必達目標にそれぞれ設定して打診の方法を考えましょう（そういった人との接点すらない場合には仲介してもらえる人の協力を取り付けることから始めるのが良いでしょう)。

また直接的な協力を仰ぐのが難しい場合でも間接的に支援してもらう程度ならお願いしやすくなるはずです。たとえば非公認活動の段階なら活動に対するオーナーとして立ってもらう（名前を借りる）だけでも周囲への見え方や話のしやすさはぐっと変わってくると思います。

影響者向け

影響者に対してはどうしたら導入活動に関する情報を良い方向で発信してもらえそうか（あるいはどうしたら誤った方向で発信されるのを防げるか）を考えましょう。

また先にも書いた通り影響者は必ずしも人に限りません。筆者自身の例で言えば、自社の納品直後あるいは着手直前のプロジェクトの簡易なユーザビリティ評価とレポートを自主的に（勝手に）行っていた時期がありました。このようなプロジェクトは社内から注目される「影響者」のため、評価結果をレポートするとすぐにプロジェクトメンバーはもちろん同類のプロジェクトに関わっているメンバーからの問い合わせや相談が来ていました。

抵抗者向け

抵抗者に対しては導入活動と抵抗者のペイン/ゲインを両立させる方法、あるいは少なくとも対立を回避する方法を考えましょう。たとえばあるプロジェクトの現場責任者であるディレクターがプロトタイピングやユーザビリティテストを行うことによってスケジュールに遅延が発生することを懸念して反対しているとします。そのような場合は“そのディレクターにとっての重要なこと”に沿って、UXデザインの影響を対話していく方法を考えていきます。

たとえば遅滞なく開発を進めることはそのディレクターにとって重要なことですが、一方でユーザーにとって使いやすく満足のいくサイトを実現することも同等以上に重要なことのはずです。そこでそのディレクターが重視していることや現時点で懸念していることのリストを作ります。でき上がったらリストの要素ごとに、UXデザインの導入がプラスになるものとマイナスになるものをそのディレクターと一緒に確認していけば必ずしもマイナスの影響だけではないことに納得してもらえるかもしれません（もしそのディレクターの役割範囲が進行管理だけで品質管理は範囲外だとしても、必ず他の誰かが品質管理の役割を負っているはずですので、その人と先のディレクターと三者で話すようにすれば良いでしょう）。

MEMO

UXデザインについて紹介すると、事例として個々の新しい手法自体には興味を示されることが多い一方で、それを実際にそれぞれのプロジェクトでやってみないか？という話になると「自分が良かれと思っている仕事のやり方に対してNOを突き付けてきた」や「“ユーザーの話を聞いてアイデアを考える”なんて自分のオリジナリティが発揮できない」といった拒否的な反応に出会うことがありますが、これはある意味もっともなことだと思っています。

それはUXデザインが今までの仕事に対して＜新しい手法＞を導入するだけではなく、同時に＜新しいプロセス＞と＜新しい価値判断＞を導入することを求めるものでもあるからです。手法は変えやすくてもプロセスや価値判断というものは変えづらいものです。ましてや特に変える必要を感じていない方に対してであれば尚更ですので、UXデザインに興味のない方や抵抗感を示す方に対して何かのアクションを考える必要があるときは、場合によってはこのような心理的な面での抵抗についても配慮しましょう。

◇作成事例

企業の中でUXデザインの導入に取り組んでいる方、これから取り組もうとしている方に、実際の状況に基づいてステークホルダーマップを作成してもらいました。皆さんが書く際の参考にしてください。

UX デザイン導入シナリオ作成事例（国内医療関連サービス事業社）

ミッション

UXデザインを広く組織のメンバーに知ってもらう

現在のステージでの目標

《対象》を・《状態》にする・《期限》までに

理想目標	必達目標
親会社に対し、導入事例をひとつ報告する。	今年度、社内ベンチャー内で立ち上げる案件（最低3件）に関わり、何かできることはないかを探る。
来月より、啓蒙活動のため週に1時間、時間を設けて有志と活動報告を行う。	来月より、啓蒙活動のため週に1時間、勤務時間外に有志とミーティングを行う。
来月以降月に一度、活動内容をレポートにまとめ、社内で共有する。	来月以降月に一度、活動内容をミーティングにて簡単に報告する。

強み

- 社内には「これではうまくいかないのではないか」といった不安があがっており、打開策を求める声が上がっている。
- 抵抗者Dさんは、Fさんには強い態度を取れない。
- 協力者の2人は積極的に動き、実作業も進めてくれる。

アクションプラン

対 推進者	対 影響者
サービスのキックオフから参加してもらい、最初の段階でUXデザインの必要性を説明してもらう。 その際、数字を根拠に他社事例を紹介し、抵抗者の説得材料を増やしておく。	UXデザインに対し理解があるため、スケジュールなどで上層部と対立しないよう、事前に協力をお願いしておく。

対 協力者	対 抵抗者
実際に調査から参加してもらい、有用性を体感することで推進者となってもらう。 また、ほかのメンバーに見える場所で共に活動を行い、周囲に広く知られるきっかけを一緒に作ってもらう。	UXデザインによって効果が実証された事実（FACT）があれば理解を得られる可能性があるため、公開されている他社事例の具体的な数字などを示して説明する。

ミッション

全員が、UXデザインを「当たり前」にできるための組織づくり。

現在のステージでの目標

《対象》を・《状態》にする・《期限》までに

理想目標	必達目標
事業部内でUXデザイン未導入である2サービスについて、半年以内に1回以上パイロット実施を行い、各々でベンチマークとしている施策の事業目標を達成する。	事業部内でUXデザイン未導入である2サービスについて、半年以内に1回ずつパイロット実施を行う。
オブザーバー無しで、UXデザインプロセスを1人で回せる人材を、半年以内に事業部内5サービスに対し、1人ずつ育てる。	オブザーバー無しで、UXデザインプロセスを1人で回せる人材を、半年以内に1人育てる。
1年以内に、エンドユーザを呼んで実施するインタビュー ／ユーザビリティテストを、週1回必ず開催している状態にする。	1年以内に位、エンドユーザーを呼んで実施するインタビュー／ユーザビリティテストを、月に1回必ず開催する。

強み

- UXデザインに関するワークショップの定期開催により、UXデザインに興味をもってくれるメンバーが増えてきた。
- 昨年から、複数プロジェクトへのパイロット導入を進めた結果、事業成果に繋がる事例が出始めた。結果、プロデューサー陣の興味と期待が高まってきている。

アクションプラン

対 推進者	対 影響者
必ず、各サービスへのUXデザイン実践結果を事業成果/KPIにひも付けて、定量的に評価し、プロデューサーに説明できるようにする。	役員向けの戦略説明資料の根拠材料として、UXデザインのアウトプットを活用してもらう。
対 協力者	**対 抵抗者**
UXデザイン導入プロジェクトに参加してもらえる機会を提供する。実践した結果は、各々がノウハウとして活用可能であることを説明する。	UXデザインに積極的に参加できる機会を用意し、実践の中で、そのメリットを肌で感じてもらう。最終的には、各々の目標に対する成果を、UXデザインのプロセスと絡めて説明できるようにサポートする。

UX デザイン導入シナリオ作成事例（国内 Web 制作会社）

ミッション

UXデザインを通して生活者の体験を豊かにする組織になる

現在のステージでの目標

《対象》を・《状態》にする・《期限》までに

理想目標	必達目標
営業的にも開示可能な代表事例となる案件を半年後までに1案件以上手掛ける	パイロット実施として社内で事例発表できる案件を半年以内に2案件以上手掛ける
活動時間を来週以降、週4時間以上確保する	活動時間を来月以降、月8時間以上確保する
来週以降、事業本部会の中に活動&事例紹介の枠を設けてもらい、全8事業本部に対して実施する	活動レポートを来月以降、月2ペースで部内に配信する

強み

・Aさんの所属部署は若手の自主的な取り組みに寛容
・社内の情報や人脈に長けたBさんが推進メンバーにいる
・Bさんの話に対しては批判者Eさんも耳を貸す

アクションプラン

対 推進者	対 影響者
Bさん担当のタブレット端末案件にUXデザインをトライアル導入できるよう、クライアントおよびプロジェクトメンバーと交渉・調整を行う	Gさんに直接相談する機会を設け、導入活動に対して「お墨付き」をもらうことで、周囲から「社内公認の活動」と認識してもらえるようにする
対 協力者	**対 批判者**
サイト品質チェックの実証実験としてAさん担当の案件に試験的に導入してみること、成功した場合には運用案件全体への展開も可能なことを説明し活動に合意してもらう	タブレット端末案件での工数・スケジュールへの影響と共に、結果となる実施成果やクライアントの満足度を事実ベースで示す

APPENDIX

▶ 付録

UXデザインを始めたクライアントからの声

ここまでWeb制作側の視点を中心にUXデザインのやり方をお伝えしてきました。一方でビジネス側・事業運営側から見たとき、UXデザインを始めた前後で何が変わったのでしょうか? 執筆陣が生の声を聞いてきました。

エンタメ
IT担当
A氏

やってみる前は、UXデザインって「顧客視点が大切」というお題目かと思っていました。

インターフェイスを考えるなら動線も考えるのは当たり前なので、特にWebにおいてはUXとUIも結局同じことなんじゃないかとずっと思っていました。だから世間でUXが大切だと言われているのは、「顧客視点を大切に」というスタンスとしてのお題目が語られているだけなのだろうなと。
しかし、あるプロジェクトで初めてインタビューのユーザー調査・分析を元にカスタマージャーニーマップを書いていく機会が持てました。サービス利用の前後まで徹底的に調べていったのですが、その過程でよくあるアンケートの結論だけみて分かったつもりになっていた自分たちのユーザー理解は実に平面的で、一方向からしか見ていないことに気づけました。UXが大切とはこういうことだったのかとやってみたら初めて体感できましたね。
インタビューから分析、仮説構築を繰り返す途中プロセスに深く関与して得られたユーザー理解は実に立体的なもので、最終結論だけ聞くと一見想定内のように映ることでも、なぜその最終結論なのか参加したメンバーには手に取るように理解できるのです。途中プロセスを目撃していない人にこの理解の深さ自体を伝えづらいのが難点ですが、今現在も徐々にUXの手法を日々の業務の中に取り込んで実施して周りへの理解を拡げていこうとしているところです。

印刷通販事業EC
ビジネスPM
B氏

UXデザインは非常に有効なもの。どんどん使い方を洗練させていけば良い。

Webサイトリニューアルにあたり改善点のアタリはつけていたものの、リニューアルで本当に良くなるのか、またそれをどう社内に伝えれば良いか、という課題がありました。この課題を解決してくれたのが、上流段階から取り入れたUXデザインでした。
たとえば、商品選定する上で重要なカテゴリーの見直しにおいて、従来のカテゴリー名は用途、納期、形状などさまざまな軸が混在していましたが、Webサイトのお客様は商品名から商品を類推できないことが被験者評価で浮き彫りになり、形状軸で統一すべきという結論を得られました。その結論を踏まえた社内メンバーによるカードソートを実施することで、限られた時間内で多様な視点を取り入れた客観性あるカテゴリー構成を確保できました。また、このときの社内メンバーは、Webサイトリニューアルのコアメンバー以外のプロジェクトに大きく関連するメンバーだったので、プロジェクトの「見える化」にも寄与できたと思います。
今思えば、プロジェクト開始時にはUXデザインをあまり理解していなかったので、懸念もありました。たとえば3人や5人といった少ない被験者数で実査をして良いものか、特異な被験者の特異な発話に引きずられてしまうのではないかというようなことです。ただ、実際にやってみると再現性の高い問題は少ない被験者数でも特定できることが分かってきました。
あとは、長いことこの商売をしているのにも関わらず、今回のUXデザインで初めて気づかされたことが多々ありました。サービス提供側の常識がユーザーの常識と大きく異なっていたのですが、こうしたさまざまな気づきは非常に貴重だったと思います。

EC
CRM担当
C氏

実際にUXデザインを始めるには分からなくても とにかく「やってみる。動いてみる」ことが重要だと思います。

4年ほど前に上司から「これからはサービスデザインが必要になってくる。まずは色々勉強してカスタマージャーニーを作ってみよう！」という話になり、右も左も分からないままこの世界に足を踏み入れました。
UXデザインを通じて解決していきたい課題や達成したい目的があるのなら、分からなくてもとにかく「やってみる。動いてみる」ことが重要だと今振り返っても感じています。
こうしたアプローチを始めたことでお客様のインサイトを捉えられるようになってきて、だんだんとお客様の感情の動きに合わせた設計ができるようになりました。UXデザインとは、とても複雑になっている人間との周辺関係を理解するためのアプローチだと考えています。これを応用すれば、対お客様だけでなく、チームビルディングや普段のコミュニケーションをデザインすることまでも可能だろうと思います。
ただUXデザインを実際にやってみると、1プロジェクトが長くなるためマネタイズにたどり着くまでの時間をもどかしく感じる部分もあります。今後は「本質欲求にたどり着くまでの複雑で困難な道のりの単純化」し、スピードを上げるのが課題ですね。また分析した定性データを定量データとどう繋げていくのか、この辺りの理論が出てくることにも期待したいです。

インターネットサービス
プロモーション・
企画担当
D氏

しっかり見ているはずのカスタマーの顔が担当者ごとに微妙に ずれていることが重要な問題だと気づいたことから始まりました。

ある程度の数字は広告やキャンペーンなどお金をかけて作れてきていたのですが、ふと、自分たちが見ているはずのカスタマーの顔が実際は全く見えていないことに気が付きました。
担当者ごとにカスタマーはこう思っているはずだ、こういうことが嬉しいはずだと決めつけていて、しかもそれが微妙にずれているという現状は実は重大な課題であるのではないか、と思ったことがあるUXデザインのプロジェクトを始めるきっかけでした。また、企画担当で一番カスタマーについて分かっていなくてはいけないはずの自分自身が、自社サービスのカスタマーについてちゃんと説明できなかったことも大きな要因です。
UXデザインをやってみて一番良かったなと思ったのは、いろんな担当者（開発、運用、企画者などなど）が同じ目線でカスタマーのことを考えられたことです。調査データから実際のカスタマーの意見をたくさん目にして、自分たちは重要だと思っていたけれど実際にはカスタマーは全く気にしてないことが分かったことなども、自分たちの従来のやり方だけではできなかったことだと思います。
今、自分たちが向き合っているカスタマーの顔が見えるようになること。さらには見えるだけでなく、理解できるようになろうとしているところです。

EC
CRM部長
E氏

UXデザインは目的を達成するための手段だ ということを理解することが重要だと思います。

私が担当しているのはCRMですので、UXデザインなんて言葉自体ほんとはどうでもいいんです。大切なのは、お客様の潜在的ニーズを正確に把握し、驚きと感動、そして思いやりを届けられるかを考えることです。
弊社でサービスデザインを取り入れたきっかけは、ブレストベースの企画案創出に限界がきたからでした。明確な戦略・戦術があるにもかかわらず、それに対する企画が出てこないというジレンマを抱えていたときに、それを打開するものとしてカスタマージャーニーマップが有効だと思ったのです。
元々、CRM担当としてお客様のことを中心に考えることは当たり前のことで、ストーリーも意識して取り組んでいたのですが、カスタマージャーニーマップはその漠然としたものを明確なものへと変化させてくれる強力な手法となりました。
弊社にUXデザイナーという肩書きの人はいません。なぜなら、サービスに関わる全ての人がお客様のことを考えているからです。UXデザインは、目的を達成するための手段だということを理解することが重要だと思います。

INDEX 索引

著者プロフィール

玉飼 真一 (Shinichi Tamagai)

株式会社アイ・エム・ジェイ／R&D室 室長 シニア・フェロー
HCD-Net (人間中心設計推進機構) 評議員
人間中心設計専門家　ヒューマンインターフェイス学会員

新卒でリクルート入社後、採用広告制作を経て同社研究開発部門にてWebページを初作成。以降、特にユーザーインターフェイスとそこでのユーザーの意志決定プロセスに大きく関心を傾け、さまざまなメディア事業サイトを立ち上げに関与。IMJグループ参加以降は多数の企業様のWebサービスの企画・設計・開発を手掛ける。2012年より現職。

おすすめ本

『超明快 Webユーザビリティ ―ユーザーに「考えさせない」デザインの法則』
スティーブ・クルーグ (著)／福田篤人 (訳)／ビー・エヌ・エヌ新社
UX全般というよりはユーザビリティ寄りの内容ですが、2000年の初版から最近大幅加筆されて3版になった人気書。人間の情報処理能力には限界があるからユーザーは作り手の思い通りになんて考えないし動かないよ、だからテストしなさいユーザーに対して謙虚になりなさいという通底するメッセージは今なお生き続けます。

村上 竜介 (Ryusuke Murakami)

株式会社アイ・エム・ジェイ／MTL事業本部 第2プロフェッショナルサービス事業部
UXアーキテクト
HCD-Net認定 人間中心設計専門家

社員数名の受託制作ベンチャーを渡り歩き、2008年にアイ・エム・ジェイに入社。入社1年後から前職で興味を持っていたUXデザインに取り組む。主にWebサイトの設計を担当するディレクター出身であったことから、ユーザビリティ評価を皮切りにUXデザインを習得、実践。プロトタイピングからユーザー調査までUXデザイン実践の幅を拡げ、多数のWebサイトリニューアルプロジェクトや社内外に対するUXデザイン教育に携わる。

おすすめ本

『ウェブ戦略としての「ユーザーエクスペリエンス」―5つの段階で考えるユーザー中心デザイン』
JesseJames Garrett (著)／ソシオメディア (訳)／毎日コミュニケーションズ
僕たちが書いた本を読み終えたあなたが、(僕と同じように) Web制作の現場でUXデザイン実践の幅を拡げていくならば、この本を読んでおくことをおすすめします。表層 (ビジュアルデザインなど) →骨格 (ワイヤーフレームなど) →構造 (サイトマップなど) →要件 (機能要件) →戦略 (ユーザーニーズとビジネスゴール)、という5段階でモデリングされていて、アウトプットに近いところにいるデザイナー/ディレクターに分かりやすいものになっています。

佐藤 哲 (Tetsu Sato)

株式会社アイ・エム・ジェイ／MTL事業本部 第2プロフェッショナルサービス事業部
シニアUXアーキテクト
HCD-Net認定 人間中心設計専門家

リクルートにてさまざまな事業のWebサイト設計やユーザビリティ評価に従事。その後、コンサルティング会社、Webデザイン制作会社を経て、現在はIMJにて「サービスデザイン」「UXD」に関するプロジェクト推進などに従事。大手企業様へのサービスデザイン・UXD導入支援やワークショップファシリテーション、各種定性調査分析をはじめ、大学の講義協力、セミナー登壇、記事寄稿などの実績多数。

おすすめ本

『なぜこの店で買ってしまうのか―ショッピングの科学』
パコ アンダーヒル (著)／鈴木 主税 (訳)／早川書房
若かりし頃に、消費者の行動を観察することのおもしろさを知った本です。今読んでもいろいろな示唆を与えてくれます。

太田 文明 (Bunmei Ohta)

株式会社アイ・エム・ジェイ
R&D室 マネージャー／リードストラテジスト
HCD-Net認定 人間中心設計専門家

エンジニアとしてキャリアをスタートし、バックオフィス系システムおよびパッケージソフトウェア企画開発におけるHCD（人間中心設計プロセス／ISO9241-211）プロセス適用の業務に従事。現在はUX戦略およびサービスデザインにおける全工程的なコンサルティング、国内におけるサービスデザイン・プロジェクトの先進研究、手技法およびプロセスの開発を主な業務とする。パートナー企業およびサードプレイスにけるサービスデザイン／デザイン思考に関するセミナーやワークショップ実施など教育啓蒙活動においても実績多数。

おすすめ本

『Contextual Design: Defining Customer-Centered Systems』(Interactive Technologies)
Hugh Beyer、Karen Holtzblatt（著）／Morgan Kaufmann
20年近く前の本ですが「ユーザー（人間）中心」という考え方と方法論について本書以上のものは未だ著されていません。UXデザインからサービスデザインへ、デザインの領域が深く広くなった今でもここは不変、本書が原典です。Second Edition も楽しみ!

APPENDIX
付録

常盤 晋作 (Shinsaku Tokiwa)

株式会社アイ・エム・ジェイ／MTL事業本部 第2プロフェッショナルサービス事業部
シニアUXアーキテクト
HCD-Net認定 人間中心設計専門家

大手広告制作会社を経て2001年よりIMJへ。同社での人間中心設計（HCD/UCD）・ユーザ体験デザイン（UXD）への取り組み導入から始め、現在はさまざまなクライアント企業に対するUCD/UXDを軸にしたサービスやサイトの構築、UCD/UXDの導入支援などに携わる。

おすすめ本（ではなくblog）

Modeless and Modal　http://modelessdesign.com/modelessandmodal/
ソシオメディアの上野さんが2009年から2010年までに書かれた私的なblogです。私にとって（きっとHCDやUXDに関わる方、Webデザインに関わる多くの方にとっても）本質的な問いに立ち戻らせてくれる、今でも読むたびに示唆を与えてくれるblogです。

Special Thanks!

進行・原稿整理・図版作成
株式会社アイ・エム・ジェイ R&D室
デザインリサーチャー・ファシリテーター　杉田 麻耶　赤石 あずさ

装丁・デザイン：武田 厚志（SOUVENIR DESIGN INC.）
デザイン・組版：石戸 成明（SOUVENIR DESIGN INC.）
イラスト：加納 徳博
編集：関根 康浩

Web制作者のための
UXデザインをはじめる本
ユーザビリティ評価からカスタマージャーニーマップまで

2016年11月14日　初版第1刷発行
2023年12月10日　初版第8刷発行

著　者	玉飼 真一／村上 竜介／佐藤 哲／太田 文明／常盤 晋作／株式会社 アイ・エム・ジェイ
発行人	佐々木 幹夫
発行所	株式会社 翔泳社（https://www.shoeisha.co.jp）
印刷・製本	株式会社 シナノ

ISBN978-4-7981-4333-0　　Printed in Japan